中国饮食古籍丛书

醶略

〔清〕赵信⋯⋯撰

何宏⋯⋯校注

醶略

中国轻工业出版社

道光甲辰年仲夏

賜錦堂藏版

醝略

序

子友趙君意林撰醯略成如干卷賅綜奧衍旁所不其
貫為前此所未有不特顧野王載醯藏之味活子往辨
醇醋之文而已而無學之徒或目爲底下之書大大易
所睐曰節飲食雅詩所裹曰議酒食醯鄰於酒而可飲
食者也治菹柔膌和藥養胃骨無不是需飾之讓之寧無
切於資生之要而漫倭隸事云乎哉子準之羹以束簿
錄家應入子類者有一周禮食醬掌二百醢之齊膌夫

南京图书馆藏赐锦堂版《醯略》书影

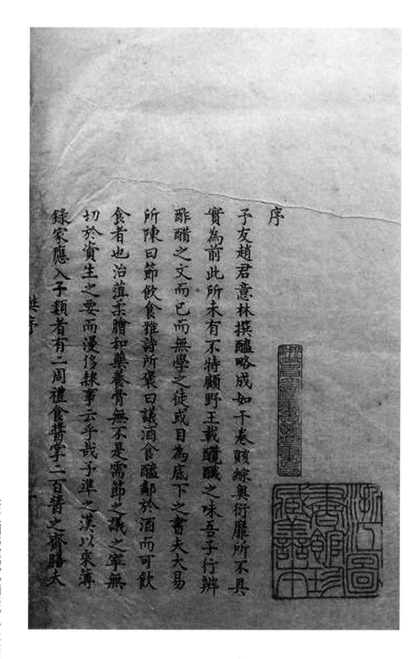

序

予友趙君意林撰醯略成如干卷頭綜奧衍靡所不具
實為前此所未有不特顧野王戴醲醎之味吾子行辨
酲醋之文而已而無學之徒或目為底下之書夫大易
所陳曰節飲食雅詩所詠曰議酒醯鄰於酒而可歆
食耆也治藎菜膾和藥養骨無不是需節之議之寧無
切於資生之要而漫修隸事云乎哉子弾之漢以來簿
錄家應入子類者有二周禮食醬學二百醬之齊膳夫

洪序

　　《醯略》是清朝中期杭州藏书家赵信编撰的一部四卷本有关醋的专著。

　　作者赵信（1701—？年），字辰垣，号意林，清朝时国学生，浙江仁和（今浙江杭州）人。赵昱（赵谷林）的弟弟。能诗，与兄昱同以诗名于时，时称"二林"。名士李绂见到他的诗作后，推荐他应博学鸿词科，信谦让于兄昱。后又为通政使赵之垣荐举。他与兄同承母亲教诲，旁抄博购图书，家中小山堂藏书多达数万卷。

　　本书以南京图书馆藏清道光甲辰（1844年）赐锦堂藏版《醯略》为底本，参校浙江图书馆藏《醯略》抄本。

　　具体校注原则如下：

　　1. 将繁体字竖排改为简体字横排，并加现代标点。

2. 凡底本中的繁体字、异体字、古字、俗字，予以
径改，不出注。通假字，于首见处注释，不改字。难字、
生僻字词于首见处出注。

3. 凡底本中有明显误脱衍倒之处，信而有征者，予
以改正，并出校说明；无确切证据者，出校存疑。

4. 凡底本与校本之字有异，义皆可通者，原文不
改，出校说明；校本明显有误者，不再出校。

序

　　予友赵君意林，撰《醯略》成如干[①]卷，赅综[②]奥衍[③]，靡[④]所不具，实为前此所未有。不特顾野王[⑤]载醲醷[⑥]之味，吾子行[⑦]辨酢[⑧]醋之文而已。而无学之徒，或目为底下之书。夫《大易》所陈曰"节饮食"[⑨]，《雅诗》所褒曰："议酒食"[⑩]，醯

---

① 如干：若干，表示数目不定。

② 赅（gāi）综：齐备而有条贯。

③ 奥衍：文章内容精深博大。

④ 靡：没有。

⑤ 顾野王（519—581年）：南朝梁陈间文字训诂学家、史学家，著《玉篇》。

⑥ 醲（lǎn）醷（chǎn）：醋味。

⑦ 吾子行（1268—1311年）：名吾衍，浙江开化人，元代学者、诗人，在篆刻印学方面成就甚大。著《闲居录》，谓："《本草》《尔雅》言味酢，皆是醋字。今酒醋，乃古酬酢字，诛殊樗樗士土等字，今人亦皆互差。"

⑧ 酢（cù）：同"醋"。参见上条。

⑨ "节饮食"：见《易经·颐卦》。

⑩ "议酒食"：见《诗经·小雅·斯干》。

邻①于酒而可饮食者也，治菹②柔脍③，和药养骨，无不是需，节之议之，宁无切于资生之要，而漫侈④隶事⑤云乎哉？予准⑥之汉以来簿录家⑦应入子类者有二：《周礼》："食酱掌二⑧百酱之齑。"《膳夫职》云："酱有百二十二瓮⑨。"贾氏⑩疏："酱，谓醢醓⑪也。"郑氏⑫云："齑菹酱，皆须醢成味也。"《隋经籍志》，《食经》《酒要》皆

---

① 邻：接近。

② 菹（zū）：酸菜，腌菜。

③ 脍（kuài）：细切的肉、鱼。

④ 侈：过度。

⑤ 隶事：以故事相隶属，指引用典故。

⑥ 准：依照，依据。

⑦ 簿录家：研究典籍目录的专家。

⑧ 二：《樊榭山房集》作王。

⑨ 酱有百二十二瓮：《周礼·膳夫职》作："酱用百有二十瓮"。

⑩ 贾氏：贾公彦，唐朝唐州永年（今河北邯郸东北）人，著有《周礼义疏》五十卷。

⑪ 醢醓（hǎi）：用鱼肉等制成的酱。因调制肉酱必用盐醋等作料，故称。

⑫ 郑氏：郑玄（127—200年），东汉末年儒家学者、经学大师，北海高密（今山东高密）人，著有《周礼注》。

附医家，《醯略》应入医家。《齐民要术》起自耕农，终于醯醢；《宋艺文志》，《酒谱》《茶录》皆附农家，《醯略》应入农家。准之于子如此，参之于经如彼，后之淹雅①君子其舍诸？鱼豢②作《典略》，裴子野③作《宋略》，李淳风谓王无功为酒家之南、董④，予亦谓君为醯人之鱼、裴。夫略者巡也，于书无不巡也；略者界也，以醯为之界也。

樊榭厉鹗⑤书于南湖花隐处

① 淹雅：宽宏儒雅。
② 鱼豢：三国时期曹魏史学家，著有《典略》，是一部业已失传的中国古代野史著作，内容上起周秦，下至三国，纪事颇广，体裁驳杂，系作者抄录诸史典故而成。
③ 裴子野（469—530年）：南朝史学家，撰《宋略》二十卷。
④ 李淳风谓王无功为酒家之南、董：李淳风（602—670年），唐代著名天文学家、数学家、道士。王无功（585—644年），名绩，初唐诗人，性简傲，嗜酒，能饮五斗，自作《五斗先生传》，撰《酒经》《酒谱》。南、董，春秋时著名史官南史氏和董狐。《新唐书·王绩传》："李淳风曰：'君，酒家南、董也。'"
⑤ 厉鹗（1692—1752年）：清代诗人，号樊榭、南湖花隐等，浙江杭州人。

# 序

夫《东溪试茶》<sup>①</sup>谱之成录，《北山造酒》<sup>②</sup>著之为经，矧<sup>③</sup>五齑<sup>④</sup>七菹<sup>⑤</sup>载在官礼<sup>⑥</sup>，千瓿<sup>⑦</sup>一斛<sup>⑧</sup>纪诸史书，如集杏

---

① 《东溪试茶》：即《东溪试茶录》，北宋宋子安撰。

② 《北山造酒》：即《北山酒经》，北宋朱肱撰。

③ 矧（shěn）：况且。

④ 五齑（jī）：齑，用细切或捣碎的蔬瓜荤腥加醋浸之物。五齑具体指：昌本（菖蒲嫩根切四寸长做的齑），脾析（牛百叶做的齑），蜃（大蛤蜊做的齑），豚柏（小猪肩肉做的齑），深蒲（嫩蒲笋芽做的齑）。《周礼·天官·酒正》："辨五齑之名：一曰泛齑，二曰醴齑，三曰盎齑，四曰醍齑，五曰沉齑。"郑玄注："自醴以上，尤浊缩酌者，盎以下差清。"

⑤ 七菹（zū）：指韭、菁、茆、葵、芹、箈、笋七种腌菜。《周礼·天官·醢人》："凡祭祀……以五齑七醢七菹三臡实之。"郑玄注："七菹：韭、菁、茆、葵、芹、箈、笋。"

⑥ 宫礼：即《周礼》。

⑦ 千瓿（bù）：《史记·货殖列传》："通邑大都，醯酱千瓿。"

⑧ 一斛：《汉书·食货志》："鲁匡言酒酤法，一斛之平……"

酢<sup>①</sup>以成编，绝胜《糖霜》<sup>②</sup>之摭<sup>③</sup>古。吾乡赵意林先生，以和羹才尝苦酒<sup>④</sup>味，秉心刚直，不乞微生高<sup>⑤</sup>之邻，脱口吟哦，频入王摩诘<sup>⑥</sup>之瓮，以诗书为曲药，酝酿成文，殊嗜好之酸咸醇醲得味。谁曰名同画虎<sup>⑦</sup>，允称道在醯鸡<sup>⑧</sup>。勒为一书，遂足千古。为弼<sup>⑨</sup>受而卒读，正彼异文。

---

① 杏酢：指酸味调料。

②《糖霜》：即《糖霜谱》，南宋王灼（1081？—1160？年）撰。

③ 摭（zhí）：收集，拾取。

④ 苦酒：醋的古称。

⑤ 微生高：姓微生，名高，春秋时鲁国人，孔子弟子。当时人认为他为人爽直、坦率。《论语》："子曰：孰谓微生高直？或乞醯焉，乞诸其邻而与之。"

⑥ 王摩诘：唐朝诗人王维（701—761年），字摩诘。五代后唐冯贽《云仙散录》："诗非苦吟不工，信乎。古人如孟浩然，眉毛尽落；裴优袖手，衣袖至穿；王维走入醋瓮，皆苦吟者也。"

⑦ 画虎：画虎类犬，比喻盲目追求不切实际的目标，不但一无所成，反而留下了笑柄。《后汉书·马援传》："效季良不得，陷为天下轻薄子，所谓画虎不成反类狗者也。"

⑧ 醯鸡：即蠛蠓。古人以为是酒醋上的白霉变成。

⑨ 为弼：本序作者朱为弼（1770—1840年），浙江平湖人，清代官员、学者。此处小字，有自谦意。

时在会典馆纂书，就外裔各番书订正卷中所载之回回[1]、高昌、八百、百夷、西番、暹罗、苏禄、南掌、缅甸各醋字。一呷恰称头衔，三斗何能鼻饮[2]？悠悠世味悦口，何曾碌碌劳生。攒眉[3]谁识？叹老大依然措大[4]秀才之贫境，常留幸道心终胜酸心。前辈之清怀可接，不揣蠡酌[5]，用附卮言[6]。

嘉庆十有六年[7]岁在重光[8]协洽夏四月丁巳

后学朱为弼谨跋于经注经斋

---

① 回回：此为旧称，本书引用古籍原文。

② 三斗何能鼻饮：见元代吴亮、许名奎撰《忍经》："昔人有言：能鼻吸三斗醇醋，乃可为宰相。"

③ 攒眉：皱眉，表示辛苦，不愉快。

④ 措大：指贫寒失意的读书人。

⑤ 蠡酌：用瓢量海水。比喻见识浅薄，对事物的观察和了解很片面。

⑥ 卮言：随和人意无主见之言，用以谦称自己的文章。

⑦ 嘉庆十有六年：1811年。

⑧ 重光：天干"辛"的别称，嘉庆十有六年为辛未年。

# 自序

　　余本酸寒之士，年来摘录醢事，凡四卷，取性之有相似也。首春忽痛在原，入夏旋悲独旦。外鲜对床之欢，内无举案之乐。袁清容①云："劳生已尝醋②。"余今深知其味矣。乃汇而付之梨枣③。阅此书者，视余之酸苦为何如？

　　　　乾隆丁卯④冬至后十日鳏鳏子赵信
　　　　　　　　　　　　自识于平安里

---

① 袁清容：袁桷（1266—1327年），字伯长，号清容居士，元代藏书家、诗人、书法家，庆元鄞县（今浙江宁波）人。
② 劳生已尝醋：见袁桷著《清容居士集》。
③ 梨枣：旧时刻书制版多用梨木或枣木，故以"梨枣"作书版的代称。
④ 乾隆丁卯：乾隆十二年（1747年）。

# 醯略总目

# 经典

《尚书》："尔惟盐梅[①]。"《传》[②]：盐咸梅醋，羹须咸，醋以调之。

又：曲直作酸[③]。

《诗义疏》[④]：梅暴干为醋，羹臛[⑤]齑中，又可以含之口香。

《春秋》《左传》：异。和如羹焉，水火醯醢盐梅，以烹鱼肉，燀[⑥]之以薪。《正义》[⑦]曰：醯，醋也。

《礼记》：和[⑧]用醯。

---

① 尔惟盐梅：见《尚书·说命下》："若作和羹，尔惟盐梅。"

②《传》：即《孔传》，又称《孔安国尚书传》，旧题西汉孔安国撰，经后人考证，实系魏晋时人伪造。

③ 曲直作酸：《尚书·洪范》："曲直作酸。"

④《诗义疏》：即《毛诗义疏》，南朝梁沈重撰，清王谟辑。义疏，是疏通其义的意思。这是一种既释经文，又兼释注文的注释。

⑤ 臛（huò）：肉羹。

⑥ 燀（chǎn）：烧。

⑦ 正义：即《疏》，也称《注疏》或《义疏》。《论语·公冶长》："或乞醯焉，乞诸其邻而与之。"邢昺疏："醯，醋也。"《论语注疏》，又称《论语正义》，又称《论语注疏解经》，魏何晏注，宋邢昺疏。

⑧ 和：调和，调味。

又：肉腥，细者为脍，大者为轩①。或曰麋、鹿、鱼为菹②，麕③为辟鸡④，野豕为轩，兔为宛脾⑤，切葱若薤⑥，实诸醢以柔之。

又：三日三夜，毋绝火，而后调之以醯醢。

又：期朝而食之，以醢若醷醢⑦。

又：脍炙处外，醯酱处内。

又：大功⑧之丧，不食醯酱；父母之丧，又期而大祥⑨，有醯酱。

又：宋襄公葬其夫人，醯醢百瓮。曾子曰：既曰明器⑩矣，而又实之。

---

① 轩：肉片。
② 菹：肉酱。
③ 麕（jūn）：獐子，与鹿相似，没有角。
④ 辟鸡：肉酱。郑玄注："轩、辟鸡、宛脾，皆菹类也……菹、轩，聂而不切；辟鸡、宛脾，聂而切之。"孔颖达疏："凡大切，若全物为菹，细切者为齑。其牲体大者菹之，其牲体小者齑之，用此，麋、鹿、鱼为菹，及野豕为轩，是菹也。麕为辟鸡，兔为宛脾者，是齑也。"
⑤ 宛脾：肉片。
⑥ 薤（xiè）：多年生草本植物，鳞茎可做蔬菜，也称为藠（jiào）头。
⑦ 醷（yì）：梅浆。
⑧ 大功：丧服名，中国古代五等丧服制第三等，凡本宗为堂兄弟、未嫁的堂姊妹、已嫁的姑姊妹等，又已嫁女为伯叔父，兄弟等均服之。
⑨ 大祥：父、母丧后两周年（即第二十五个月）举行的祭礼，此时孝子可以除去孝服换上正常服装。
⑩ 明器：指的是古代人们下葬时带入地下的随葬器物，即冥器。

又：醯醢之美，而煎盐之尚，贵天产也。

《周礼》：醢人主作醯。

又：疾医，以五味、五谷、五药养其病。

注：五味，醯、酒、饴蜜、姜、盐之属。

又：醢人奄<sup>①</sup>二人、女醢二十人、奚<sup>②</sup>四十人，掌共五齑七菹。凡醢物，以共祭祀之齑菹。凡醯酱之物，宾客亦如之，王举<sup>③</sup>，则共齑菹醢物六十瓮，共后及世子之酱齑菹。宾客之礼，共醢五十瓮，凡事共醢。

《仪礼》：醯醢百瓮，夹碑十以为列，醢在东。注：夹碑在鼎之中央也。醢在东。醢、谷，阳也。醢是酿谷为之，酒之类。

又：公食大夫礼，宰夫自东房授醯酱。

注：授，授公也。醯酱以醯和酱。

又：馔于房中，醯酱二豆<sup>④</sup>。

《大戴礼》：醯酸，而蚋<sup>⑤</sup>聚焉。

《论语》：孰谓微生高直？或乞醯焉，乞诸其邻而与之。

《尔雅》：梅枏<sup>⑥</sup>，似杏实酢。

---

① 奄：同"阉"，指阉人。
② 奚：指奴隶，被役使的人。
③ 王举：泛指王的每日用食。
④ 豆：盛装食品的器皿，形状像高脚盘。
⑤ 蚋（ruì）：指一种昆虫，吸人畜的血液，幼虫栖于水中。
⑥ 枏（nán）：梅的一种。

又：葴①，寒浆。疏：葴，一名寒浆。郭②云：今酸浆草，江东呼曰苦葴。按：《本草》：酸浆，一名酢浆。

《吕氏四礼翼》③：祭前翼，醯欲澄根，茗去初末。

# 史 事

《史记》：通都大邑，醯酱千瓶，比千乘家④。

《前汉书》：鲁匡⑤言酒酤法，一斛⑥之平，除米曲本价，计其利而什分之，以其七入官，其三及醩⑦截⑧灰炭给工器薪樵之费。《说文》：截，酢浆也。

《后汉书·隗嚣传》注：王莽以董忠反，收忠宗族，以醇醯、毒药、白刃、丛棘，并一坎而薶⑨之。

---

① 葴（zhēn）：酸浆草。

② 郭：晋郭璞（276—324年），撰《尔雅注》。

③《吕氏四礼翼》：明朝吕坤（1536—1618年）撰，四礼为冠礼、婚礼、丧礼和祭礼。

④ 千乘（shèng）家：指富可敌国之家。古以一车四马为一乘。

⑤ 鲁匡：西汉末新莽时人。王莽建立新朝后，任羲和（大司农）。他根据王莽示意，提出"五均六筦"经济政策，将盐、铁、酒、铸钱等经济事业，收归政府官营。

⑥ 斛（hú）：旧量器，方形，口小，底大。

⑦ 醩（zāo）：同"糟"，酒糟。

⑧ 截（zǎi）：醋。

⑨ 薶：同"埋"。

《隋书·流求①传》：以木槽中暴海水为盐，木汁为酢，酿米面为酒，其味甚薄。

《南史·祖珽传》：祖珽以铜筯②浸醋中，令青有见即睡，书记之。③

《北史·崔浩传》：浩明识天文，好观星象。常置金银铜铤④于醋器中，令青。夜有所见，即以铤画纸作志，以记其异。

又《马嗣明传》：杨愔患背肿，嗣明以练石涂之，便差，因此大为杨愔所重。作练石法：以麤⑤黄色石如鹅鸭卵大，猛火烧令赤，内淳醋中，自有石屑落醋里，频烧至石尽，取石屑曝干，捣下筬⑥，和醋以涂肿上，无不愈。

又《崔宏度传》：宏度性严酷，官属百工见之，无敢欺隐。长安为之语曰：宁饮三斗醋，莫见崔宏度。

---

① 流求：台湾岛的旧名。

② 筯（zhù）：同"箸"，筷子。

③ 此段按赵信原意标点，但有严重谬误。《南史》无《祖珽传》，《北史》《北齐书》均有《祖珽传》，但无所书内容。南宋程大昌撰《演繁露续集》卷五《谈助》有"粉盘"条："钱镠置粉盘卧内有所记则书于中南祖珽传以铜筯浸醋中令青有见即睡中书记之"。准确标点应为："钱镠置粉盘，卧内有所记，则书于中。南祖珽传以铜筯浸醋中，令青有见即睡。中书记之。"赵信标点错误，又未校原文。

④ 铤（dìng）：矿石。

⑤ 麤（cū）：同"粗"。

⑥ 筬（shāi）：筛子。

《南史·孝义传》：王虚之十三丧母，三十三丧父，二十五年盐醋不入口。

《魏志》：华佗行道，见一人病，咽塞，耆①而不得下，家人车载欲往就医。佗闻其呻吟，驻车，往视，语之曰："向来道边有卖饼家，蒜齑大酢。从取三升饮之，病自当去。"即如佗言，立吐虵②一枚，县③车边，欲造佗。佗尚未还，小儿戏门前，逆见，自相谓曰："似逢我公，车边病是也。"疾者前入坐，见佗北壁县此虵，辈约以十数。

《齐书·刘怀祖传》：怀祖持丧，不食醯酱，冬月不絮衣。

《唐书·柳玭传》：孝慈、友弟、忠信、笃行，乃食之醯酱，可一日无哉？

又：范质字文素，母张氏梦人授以五色笔而生，九岁能文，后举进士，于唐及汉周受代之际，隐于民间，后仕。于周定刑统，至宋建隆初拜相，尝谓同列曰："人能鼻吸三斗醋，即可作宰相。"后封鲁国公。按：《官箴》：王沂公亦常说："吃得三斗酽醋，方做得宰相。"盖言忍受得事。

---

① 耆（shì）：同"嗜"，贪吃。
② 虵（shé）：蛇。
③ 县：同"悬"。

又：掌醢署①，令一人，正八品下。丞二人，正九品下。掌供醢醯之物。注：菹醢匠八人。

又：任迪简，京兆万年人，为天德军使李景略判官。尝军宴行酒者，误以醯进。迪简知误，以景略性严虐。坐主酒者乃勉饮尽之，而伪容其过，以酒薄，白景略，请换之。于是军中皆感服。

又：来俊臣每鞫②囚，无问轻重，多以醋灌鼻。禁地牢中，或盛之瓮中，以火圜③绕炙之。

又：薛仁杲拔秦州④，召富人磔⑤于猛火之上，或以醯灌鼻，求其金宝。

《十国春秋》：有僧自号醋头，手携一灯檠⑥，所至处卓⑦之，呼曰："不使灯，灯便倒。"

《宋史》：崇宁二年⑧，知涟水军钱景允言建立学舍，请以承买醋坊钱给用。诏常平司⑨计无害公费如所请，仍令他路准行之。初，元

---

① 掌醢署：《新唐书·百官志》载唐代宫廷中设有"掌醢署"，专门负责"供醢醯之物"。

② 鞫（jū）：审问。

③ 火圜（yuán）：着火的圆环。

④ 秦州：今甘肃省天水市。

⑤ 磔（zhé）：磔刑，古代一种分裂肢体的酷刑。

⑥ 灯檠（qíng）：带灯架的灯。檠：灯架。

⑦ 卓：高处。

⑧ 崇宁二年：公元1103年。

⑨ 常平司：即提举常平司，宋官署名。掌常平仓、免役、市易、坊场、河渡、水利等事。

祐臣僚请罢榷①醋，户部谓本无禁文。后翟思请以诸郡醋坊日息用余悉归常平。至是，景允有请，故令常平计之。大观四年②，又诏：诸郡并别遣仓官③。卖毋得越郡城五里外，凡县、镇、邨并禁，其息悉归转运司④，旧属常平者如故⑤。宣和七年，诸路鬻⑥醋，息率十五为公使。余如钞旁法，令提刑司⑦季具储备之数，毋得移用。

又：光禄寺主膳馐烹。又：有牛羊司、乳酪院、油醋库。

又：油醋库供油及盐豉。

又：湖南有土户钱⑧、折绝钱⑨、醋息钱、曲引钱⑩，其名色不一。

---

① 榷（què）：指某些商品的专营专卖。

② 大观四年：公元1110年。大观为宋徽宗年号。

③ 仓官：管理仓库的官员。

④ 转运司：官署名。宋代诸路（相当于今天的省）皆设置，均调一路租税以供国用。

⑤ 故：刻本、钞本均作"故故"，据《宋史》卷一百八十五《食货下七》改。

⑥ 鬻（yù）：卖。

⑦ 提刑司：即提点刑狱司，官署名。是宋代中央派出的"路"一级司法机构，监督管理所辖州府的司法审判事务，审核州府卷案，可以随时前往各州县检查刑狱，举劾在刑狱方面失职的州府官员。

⑧ 土户钱：一种人口税。土户：在本地户籍上登记的国家编户。

⑨ 折绝（shī）钱：一种纺织品税。绝：一种粗绸。

⑩ 曲引钱：一种酒税。

又：张汝明事亲孝，执丧，水浆不入口三日。日饭脱粟，饮水无醯盐。

又：陈思道，江阴人。丧父，事母兄以孝弟闻。鬻醯市侧，以给晨夕，买物不酬价，如所索与之。母病，思道衣不解带者数月，双目疮烂，饮食随母多少。洎①母丧，水浆不入口七日。既葬，裒②鬻醯之利，得钱十万，奉其兄，结卢③墓侧。

《金史》：承安三年④三月壬寅始，榷醋。

《元史》：至元二十三年⑤，改立陕西都转运司兼办盐酒醋竹等课⑥。

又：元之有酒醋课自太宗始⑦，其后皆着定额，为国赋之一焉。

又：卢世荣以九事说世祖⑧，诏天下：其六乡民造酢者，免收课。

《唐六典》：燕掌醢令燕宾客，百官用醯酱以和羹。

---

① 洎（jì）：到，及。

② 裒（póu）：取出。

③ 结卢：即结庐，建房子，这里指搭棚子。

④ 承安三年：承安，金章宗年号，即公元1198年。

⑤ 至元二十三年：至元，元世祖忽必烈年号，即公元1286年。

⑥ 课：赋税的征收。

⑦ 太宗：窝阔台。

⑧ 世祖：忽必烈。

《文献通考》①：周显德四年②敕："停罢先置卖曲都务。应乡邨人户今后并许自造米醋，及买糟造醋供食，仍许于本州县界就精美处酤卖。其酒曲条法依旧施行。"先是，晋、汉③以来，诸道州府皆权计曲额，置都务以沽酒，民间酒醋例皆漓薄。上知其弊，故命改法。

《能改斋漫录》④：魏《名臣传》中书监刘放曰：官贩苦酒，与百姓争锥刀之末，请停之。苦酒，盖醋也。醋之有榷，自魏已然，乃知不特近世也。

卢熊⑤《苏州府志》：有公使醋钱，诸郡立额自取于属县。县敛民以输之小邑，一岁不下数千缗，人尤以为怨。

《茶经》：宋《江氏家传》："江统，字应元⑥，迁愍怀太子⑦洗马，常上疏谏云：今西园卖醯、面、蓝子、菜、茶之属，亏败国体。"

《资治通鉴》：杨光远斩张敬达，帅诸将上

---

① 《文献通考》：宋元之际马端临撰，348卷。记载上古至宋宁宗时的典章制度。

② 显德四年：显德，后周太祖郭威年号，即公元957年。

③ 晋、汉：指后晋、后汉。

④ 《能改斋漫录》：南宋吴曾撰的笔记。

⑤ 卢熊：原作"卢荣"。卢熊（1331—1380年），江苏昆山人，洪武年间（1368—1398年）辑有《苏州府志》。

⑥ 字应元：原作"字应"，缺"元"字。

⑦ 愍（mǐn）怀太子：晋惠帝庶长子司马遹（278—300年）。

表降于契丹。契丹主素闻诸将名，皆慰劳，赐以裘帽，因戏之曰："汝辈亦大恶汉，不用盐醋①啖战马万匹。"光远等大惭。

---

① 醋：《资治通鉴》原为"酪"字，赵信错录之。

# 卷二

## 治造

《事物绀珠》[1]：醯，殷果[2]作。

又：红酢，用米或糟抐[3]成酸，香之味上品。

又：桃花酢，上味。

又：六月六醋。

又：白酒醋。

又：腊醋、黄醋，味中。

又：白醋，味下。

又：珠儿滴醋，红色上品。

又：梅子醋。

又：麦黄醋。

又：一了百当[4]，用酱糟、麻油、椒盐、姜桂作。

又：麸醋。

---

①《事物绀珠》：明代黄一正编的类书。编成于1591年。

② 殷果：人名。明朝罗颀撰《物原·食原》第74条中载有“殷果作醋”，估计是其臆测。

③ 抐（nè）：按物于水中。

④ 一了百当：语出张居正（1525—1582年）《答山东巡抚何来山》“清丈事，实百年旷举，宜及仆在位，务为一了百当。”本意是指办事妥当、彻底。此语一出，在当时成为流行词汇，这里是用该词命名的一种食物。

又：饧醋，㧊饧[1]作。

又：长生醋。

又：米醋。

又：粃[2]醋。

又：千里酢。

又：青醋。

又：三黄醋。

又：爢[3]蠡。音觅梨，军中干酢。

《食经》[4]：作苦酒法：用乌梅以苦酒渍之，暴干作屑，欲食则投水内。

又：作卒成苦酒，其法：取黍米一斛，以热粥浇其上，二日便成酢。

又：外国作苦酒法：用水一升三合，正月九日熟，一铜匕[5]调之，一杯可食三十人。

又：辛子酢臛法。

《本草衍义》[6]：醋，酒糟为之，有米醋、麦醋、枣醋，米醋最酽[7]，入药用之，谷气全也，故胜糟醋。产妇房中常得醋气则为佳，盖酸气

---

① 饧（táng）：指糖稀。

② 粃（bǐ）：同"秕"，谷物结出瘪谷。

③ 爢（dǐng）：用作人名。

④《食经》：北魏崔浩（？—450年）撰，记录其母卢氏与其他女性长辈所做菜谱，已佚。

⑤ 匕：古人取食器具，后演变为羹匙。

⑥《本草衍义》：北宋寇宗奭撰的本草书，二十卷。

⑦ 酽（yàn）：味道浓厚。

益血也。磨雄黄涂蜂虿①，取其收而不散也。人食酸则齿软，谓其水生木，水气弱木气盛，故如此。造靴皮须用醋而纹皱，故知其性收敛，不负酸收之说。

《事物纪原》②：《古史考》曰：古有醴酪。《礼运》曰：昔先王未有火化，后圣有作，然后修火之利，以为醴酪。注云：烝③酿之也。酪，酢㸑④。盖其物出自燧人作火之后耳。

《四书考》：《尚书》云："若作和羹，尔惟盐梅。"商世尚取酢于梅，至周而醯之用浸⑤广。

《齐民要术》：作大麦醋法：用大麦细造⑥一石，净淘，炊作再镏⑦饭，摊令小暖，如人体，下酿，以杷⑧搅之，绵幕瓮口。二⑨日便发，时数搅，不搅则生白醭。

又粟米曲作酢法：七月二月向末为上时，八月四月亦得作。大率⑩：笨曲末一斗，井花水

---

① 虿（chài）：有毒的虫。
②《事物纪原》：宋代高承编撰，专记事物原始之属，即由来。
③ 烝（zhēng）：通"蒸"。
④ 㸑（zì）：切成的大块肉。
⑤ 浸：逐渐。
⑥ 细造：仅去硬皮而压碎的麦粒。
⑦ 镏（liù）：用锅做饭。镏，即釜，古代的炊事用具，相当于现在的锅。
⑧ 杷：同"耙"，一种有齿和长柄的农具。
⑨ 二：《齐民要术》原文为"三"。
⑩ 大率（shuài）：大概；大略。

一石，粟米饭一石。明旦作酢，今夜炊饭，薄摊使冷。日未出前，汲井花水，斗量著瓮中。量饭着盆中，然后泻饭着瓮中，泻时直倾之，勿以手拨饭。水①量曲末，为着饭上。慎勿挠搅，亦勿移动，绵幕瓮口。三七日熟，美酽少淀。

又回酒酢法：凡酿酒失所味酢者，或初好后动味②压者，皆宜回作酢。大率：五斗米酒醅，更着曲末一斗，麦麸一斗，井花水一石。粟米饭二石，摊令冷如人体投之。杷搅，绵幕瓮口，每日再度搅之。春夏七日熟，秋冬稍迟，皆美香清澄。后一日③接取，别器贮之。

又：动酒酢法：春酒压讫而动，不中饮者，皆可作酢。大率：酒一斗，用水三斗，合，瓮盛，置日中曝之。雨，则盆盖之，勿令水入，晴还去盆。七日后，当臭，衣生，勿得怪也。但停置勿移动，搅挠之。数十日，酢成衣沈④，反更香美，日久弥佳。

又：凡酢瓮下，皆须安砖石，以离湿润。为妊娠妇人所坏者，砖⑤辄中干土末淘，着瓮中，即还好。

---

① 水：《齐民要术》通行本为"尖"。
② 味：《齐民要术》通行本为"末"。
③ 日：《齐民要术》通行本为"月"。
④ 沈：同"沉"。
⑤ 砖：《齐民要术》通行本为"车"。

《多能鄙事》<sup>①</sup>有：七酢方，三黄酢方，炒麦酢法，麦黄酢法，大麦酢法，粟米酢法，糟酢法，饧糖酢法，糠酢法，糯米酢法，枣酢法，干酢法。

又收藏酢法：收酢须用头出者装入瓶，每瓶烧红炭一块投之，加炒小麦一撮，箬封泥固。或有入烧盐者，反淡了味。

食品须知：醯，酸味，亦曰酢。酿米糟为之也。食品中用之，所以杀腥肉及其气，亦所以酿菜而柔之者也，以济百味<sup>②</sup>。

《渊鉴类函》<sup>③</sup>：晋刘伶妻吴氏，因夫嗜酒败事，欲其节饮，每酿酒则以盐梅辛辣之物投之酒内，致其味酸，盖不欲其饮也。后人效其所为，因以作酢。一说酢是周人所造。

《论衡<sup>④</sup>·商虫篇》：醯酱不闭有虫。

《宝复堂藏书》<sup>⑤</sup>：孕妇造醋必苦。

又：酢不酸，用大麦炒焦，投入包固即妙。

小山《居家秘制》<sup>⑥</sup>：造风酢法：清明日，

---

① 《多能鄙事》：明代初期的类书，传为刘基（1311—1375年）撰。
② 此条见类书《古今合璧事类备要外集》卷四十七《盐醯门》，南宋谢维新撰。
③ 《渊鉴类函》：清代官修的大型类书，由清代张英等人编撰。
④ 《论衡》：东汉王充（27—97年）撰。
⑤ 《宝复堂藏书》：此书不可考，推测是私家藏书。
⑥ 小山《居家秘制》：此书不可考，推测是赵氏小山堂的抄本。

用早米淘净，挂风前。至四月初八日入坛，用柳条搅动，至一月榨起，煎过入坛。每斗米用水二斗，泥好坛口。

《物类相感志》[1]：清明柳条，可止酱醋潮溢。

《平江纪事》[2]：日入时，宜合酱造醋。[3]

《留青采珍集》[4]：六月六日，取水收起，净瓮盛之一年，不臭，用以作醋酱腌物，一年不坏。

又：米醋内入炒盐，则不生白衣。

又：败酒作醋：一斗酒加一斗水，和瓮置日中晒之，雨则盖。待衣生，勿搅。待衣沈，则香美成醋。

又：造七醋：六月六日，以黄陈米五斗为率，不淘净，浸七宿，每日换水一次，至七日做为熟饭。乘热入瓮，按平封闭，勿令气出。第三日翻动，至第七日开，再翻转，倾入井花水三担。又封三日，再搅再封。至三七二十一日，成好醋。此法简妙。

---

[1]《物类相感志》：宋人编类书，旧本题苏轼撰，一说僧赞宁撰。

[2]《平江纪事》：元高德基撰，记载苏州史事。

[3] 此条至本节末，南京图书馆藏刻本少一页，据浙图抄本补。

[4]《留青采珍集》：清陈枚辑，医书。

## 名义

《原始秘书》[①]：醋，即醯也。《周礼》：膳夫掌醯。则周以前有之矣。

《释名》[②]：醯，多汁者曰醯。醯，浰也。

又：苦酒淳毒甚者，酢苦也。

《学斋占毕》[③]：九经中无酢字，止有醯，及和用酸而已，至汉方有此字。

《闲居录》[④]：《本草尔雅》[⑤]言味酢皆是醋字，今酒醋[⑥]乃古酬酢字。

《本草》[⑦]：醋，名苦酒。

《事林》[⑧]：醋，一名酸老。

《说文》[⑨]：酸，酢也。关东[⑩]谓酢曰酸。

---

① 《原始秘书》：朱元璋第十七子朱权（1378—1448年）编撰的一部小型日用类书。
② 《释名》：东汉末年刘熙撰，专门探求事物名源。
③ 《学斋占毕》：南宋史绳祖撰笔记。
④ 《闲居录》：元吾衍撰笔记。
⑤ 《本草尔雅》：北宋时期的著作，对本草语义解释的训诂体式专著。已亡佚。
⑥ 醋：原作酢，依意改。
⑦ 《本草》：疑为《食物本草》，明姚可成撰。
⑧ 《事林》：即《事林广记》，南宋陈元靓撰类书。
⑨ 《说文》：即《说文解字》，东汉许慎（58? —149年）撰，中国第一部字典。
⑩ 关东：古代通常指函谷关以东的地区。

杨子《方言》①：甑②，自关而东，谓之甗③，或谓之酢镏。

《庶物异名疏》④：华池⑤左⑥味，仙家谓酢也。又《北虏重译》⑦：虏谓酢曰"哭尺太兀素"。<sub></sub>陶隐居⑧以酢为华池左味。

《博雅》⑨：酮，酢也。《韵会》⑩：酮，音动酼酢也。《集韵》⑪：醦，音掺，酸味，酽⑫酢也。《说文》：醋，浆也。《集韵》：酽，音验。

《广韵》：醙，醋之别名。《集韵》：醙，音枚。

---

① 《方言》：《輶轩使者绝代语释别国方言》的简称，扬雄（前53—18年）撰，是汉代训诂学一部重要的工具书，也是中国第一部汉语方言比较词汇集。

② 甑（zèng）：古代的蒸食用具，底部有网眼，便于透过蒸汽。

③ 甗（yǎn）：古代蒸食用具，可分为两部分，下半部是鬲（锅），用于煮水，上半部是甑，用来放置食物。

④ 《庶物异名疏》：明陈懋仁撰。

⑤ 华池：养生术语，一说为口，一说在舌下。

⑥ 左：同"佐"。

⑦ 《北虏重译》：为明萧大亨（1532—1612年）撰三卷本《夷俗记》的第二卷，是蒙古语若干词汇与汉语对译。

⑧ 陶隐居：陶弘景（456—536年），南朝梁时医药家，号华阳隐居。

⑨ 《博雅》：《广雅》的别称，因避隋炀帝杨广讳而改称。三国魏时张揖撰，书取名为《广雅》，就是增广《尔雅》的意思。

⑩ 《韵会》：元熊忠撰文字训诂书。

⑪ 《集韵》：北宋丁度（990—1053年）撰音韵学著作。

⑫ 酽（yàn）：古同"酽"，醋。

《集韵》：醶，音膌，酢也。《字汇》[1]：醶，苦酒也。见医书。

《五音集韵》[2]：醶，音览，醋味也。

《管子·弟子职》：置酱错食。错，与醋同。

《五侯鲭》[3]：调鼎主人。

《说文》：醋，酢也。《广韵》：醋，酢味。《集韵》：醋，楚减切，音醶。

《东医宝鉴》[4]：醋，亦谓之醯。以有苦味，故俗呼为苦酒。

又：苦酒，米醋是也。

又：醋，措也。能措五味，以适中也。

《同音字汇》[5]：醯，《唐鉴》作醝。

《玉篇》[6]：醝，同醯。《博雅》：醝，醋也。

《元氏掖庭记》[7]：醋有杏花酸，脆枣酸，润肠酸，苦苏浆。

---

① 《字汇》：明代梅膺祚编，明代至清初最为通行的字典。

② 《五音集韵》：金代韩道昭撰音韵学著作。

③ 《五侯鲭》：明彭俨撰类书。

④ 《东医宝鉴》：朝鲜李朝许浚（1546—1615年）撰，转抄引述80余种中医典籍的图书。

⑤ 《同音字汇》：清代民间方言韵书。

⑥ 《玉篇》：南朝梁陈间顾野王（519—581年）撰，我国第一部按部首分门别类的汉字字典。

⑦ 《元氏掖庭记》：元末明初陶宗仪（1329—1412? 年）撰笔记。

《晋公遗语》[①]：唐世风俗，贵重桃花酸。

《汉武内传》[②]：西王母谓帝曰：仙药有凤林鸣酢。

《清异录》[③]：醋，食总管也。反是为恶，醋为小耗。

《京羽二重》[④]：海杏酢。黄松石于京师得日本国志，名《京羽二重》，书凡六卷。

《清夜录》[⑤]：丁子香淋脍。注：醋别名。

《叩头录》[⑥]：房寿六月捣莲花，制碧芳酒，调羊酪，造金风酢，俱凉物也。

五朝小说《记事珠》[⑦]：唐世风俗，贵重葫芦酱、桃花醋、照水油。

---

① 《晋公遗语》：见唐冯贽撰《云仙杂记》，为冯贽杜撰之书。《四库全书总目提要》言："《云仙杂记》实伪书也。无论所引书目皆历代史志所未载。"《晋公遗语》未见其他出处。晋公：唐宰相裴度（765—839年）封晋国公，世称"裴晋公"。

② 《汉武内传》：《四库全书总目提要》推测当为魏晋间士人所撰的神话志怪小说。

③ 《清异录》：北宋陶谷（903—970年）撰笔记。

④ 《京羽二重》：日本贞享二年（1685年）刊刻的京都地方志。

⑤ 《清夜录》：南宋俞文豹撰笔记。

⑥ 《叩头录》：见唐冯贽撰《云仙杂记》，为冯贽杜撰之书。

⑦ 《记事珠》：唐冯贽撰笔记小说。

缅甸醋名，白浪惹。

西番<sup>①</sup>醋名：儿菊思。

暹罗<sup>②</sup>醋名：逊南。

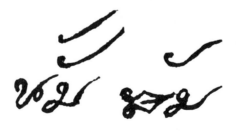

---

① 西番：特指吐蕃，即今西藏。
② 暹罗：今泰国。

八百[1]醋名：南孙。

百译[2]醋名：喃箅。

---

① 八百：即八百媳妇国，是泰国历史上（1292—1558年）的
   一个曾经控制泰北地区的王国兰纳（泰文：**ล้านนา**）
   或兰纳泰。《新元史·八百媳妇传》记载："八百媳妇者，
   夷名景迈，世传其长，有妻八百，各领一寨，故名。"
② 百译：即摆夷，朱为弼序称为百夷，主要指西南地区的傣族。

高昌①醋名：洗儿克。

回回②醋名：洗儿克。

缠头③醋名，思力克。

---

① 高昌：公元5世纪中叶至7世纪中叶，汉族在吐鲁番盆地中
在西域建立的佛教国家。这里指维吾尔曾使用的察合台文。
② 回回：此为旧称，本书引用古籍原文。
③ 缠头：清代官书或文籍中对我国西北穆斯林的称呼。

《扈从东巡日录》[①]：诸申木克，满洲水也。满洲旧称诸申，呼水为木克法。取蔬作齑，置木桶中，和盐少许，以水溢之。其汁微酸，取以代醯。高士奇。

①《扈从东巡日录》：清高士奇（1645—1704年）康熙二十一年（1682年）随康熙帝东巡所撰。

--- 卷三 ---

## 诗文

《晏子春秋》：兰本，三年而成。湛之苦酒，则君子不近，庶人不佩。

又：醯醢腐不胜沽也，酒醴酸不胜饮也。

《战国策》：夫鼎者，非效壶醯酱瓿耳，可怀挟提挈以至齐①者。

《庄子》：醯醢盐梅，以烹鱼肉。

又：孔子曰：丘②之于道也，其犹醯鸡乎？注：醯鸡，酒上蠛蠓③也。

又：颐辂④生乎食醯。注：食醯如酒上蠛蠓。蠛蠓，虫名，言物化无常。

又：斯弥⑤为食醯。

《荀子》：醯酸而蚋聚。

《列子》：醯鸡生乎酒。

扬子《方言》：傒醯，危也。东齐⑥椅⑦物

---

① 齐：齐国。
② 丘：孔丘，即孔子。原文作"邱"。
③ 蠛（miè）蠓（měng）：指酒瓮里的小虫。
④ 颐辂（lù）：虫名。
⑤ 斯弥：虫名。
⑥ 东齐：指周朝时齐国。因地处周朝之东，故称。
⑦ 椅（jī）：用筷子夹取物。

而危，谓之徯醢。

《吕氏春秋》：缶醢黄，蚋聚之，有酸。徒水则必不可。

魏文帝《诏群臣》曰：饮食一物，南方有橘，酢正裂人牙，时有甜耳。

《淮南子》：醢酸不慕蚋，蚋慕于醢酸。

《路史》[①]：啜醢而口爽，嗛梅而齿齼固，有兼旬[②]不能饭者，而未尝知梅与醢者，犹莫展也。韶说[③]。

柳宗元《与李睦州书》[④]：醢敖仓之粟以为酸。

沈亚之[⑤]《上李谏议书》：真伪难鬻，梅醢之质类而苦酸不为也。

又：醢醢之具，必越海逾陆，而趋君之指矣。

杜子美[⑥]《唐兴县客馆记》：乃至于馆之醢[⑦]醢阙，出于私厨。

---

① 《路史》：南宋罗泌（1131—1189年）撰，记述了上古以来神话历史。
② 兼旬：二十天。兼：加倍。
③ 韶说：此段取自《路史·发挥》第五卷《论说十二篇》之第九篇《韶说》。
④ 《与李睦州书》：即《与李睦州论服气书》。
⑤ 沈亚之（781—832年）：唐文学家。
⑥ 杜子美：杜甫（712—770年），字子美。
⑦ 醢：同"醢"。

《二程遗书》①：贵姓子弟，于饮食玩好之物，直是一生将身服事不懈，如管城之陈醋瓶，洛中之史画匣是也。噫！今之世家子弟，其不为醋瓶画匣者鲜矣。

《急就篇》②：酸咸酢淡辨清浊。

马第伯《封禅记》③：酢梨酸枣。

卢谌④《祭法》⑤：四时之祠皆用苦酒。

宏君举《食檄》⑥：大市覆罂之蒜，东里独妪之醢。

刘梁《七举》⑦：酤以醯醢，和以蜜饴。

《李大博志》⑧：盐、醢以济百味。

《广韵》：醋生白醭。范成大诗：脐下丹田休想，口边白醭罢参。

---

①《二程遗书》：程颢（1032—1085年）、程颐（1033—1107年）合撰。兄弟俩同为北宋理学的奠基者，后世合称"二程"。

②《急就篇》：西汉史游撰的一本教学童识字的字书。

③《封禅记》：即《封禅仪记》，东汉马第伯撰，是现今所能见到的最早的游记。

④卢谌（284—351年）：原作"卢湛"，西晋文学家。

⑤《祭法》：原作"《祭记》"。

⑥《食檄》：宏君举（疑为南朝梁人）撰"檄"文体，全文已散佚。

⑦《七举》：东汉刘梁（？—181年）撰"七体"辞赋。

⑧《李大博志》：即《故太学博士李君墓志铭》，唐代韩愈（768—824年）撰。

崔骃《七依》[①]：酢以越裳[②]之梅。

《风俗通》[③]：酢如蘉荚。按：蘉味酸，工者取以调味。

《说储》[④]：金履祥[⑤]语其弟子曰："士之为学，若五味在和，醯酱既加，则酸咸立异。学之益于人也如是。"

《山家清供》[⑥]：海聆聆，恶朝露，实筑筐，噀以醋。

李白诗：世人若醯鸡，安可识梅生[⑦]。

杜甫《赠太常卿诗》：谬知终画虎，微分是醯鸡。

岑参《北庭诗》：雁塞通盐泽，龙堆接醋沟。

白居易诗：老去齿衰嫌橘醋[⑧]。

韩愈诗：贪食以忘躯，眇不调盐醯[⑨]。

---

① 《七依》：东汉崔骃（？—92年）撰"七体"辞赋。

② 越裳：古南海国名。

③ 《风俗通》：即《风俗通义》，东汉应劭（153？—196年）撰民俗著作。

④ 《说储》：明陈禹谟撰笔记。

⑤ 金履祥（1232—1303年）：宋、元之际的学者。

⑥ 《山家清供》：南宋林洪撰饮食笔记。

⑦ 此句出自《留别西河刘少府》。

⑧ 此句出自《东院》。

⑨ 此句出自《南内朝贺归呈同官》。

方回①诗：屡尝三斗醋，不梦一条冰②。

崔护③赋《山鸡舞石镜》诗：应笑翰音④者，终朝饮败醯。

罗隐⑤《南园题》诗：小窗奔野马，闲瓮养醯鸡。

苏辙诗：清名惊世不益身，何异饮醯徒酷醈⑥。

黄庭坚《赠刘静翁》诗：艰难长向途中觅，掉却甜桃摘醋梨。《齐民要术》：醋梨易水熟，煮则甘美而不伤人。

又：《题石恪⑦画尝醋翁》诗：石媪忍酸啄三⑧尺，石皤尝味面百折⑨。谁知耸膊寒至骨，图画不减吴生笔。

杨万里《芥齑》诗：枨香醋醈作三友。

又：酒倾一斗鸢肩客，酢设三杯羊鼻公。

谢叠山⑩《乞醯》诗：平生忍酸寒，鼻吸

---

① 方回（1227—1305年）：元朝诗人。
② 此句出自《次韵志归十首》。
③ 崔护（772—846年）：唐代诗人。
④ 音：原作"鸣"，据《全唐诗》改。
⑤ 罗隐（833—909年）：唐代诗人。
⑥ 此句出自《次韵子瞻渼陂鱼》。
⑦ 石恪：五代末宋初画家。
⑧ 三：原作"一"。
⑨ 折：褶子。
⑩ 谢叠山（1226—1289年）：南宋诗人。

醋三斗。先民耻乞字，乞醯良可丑。卖鸡买鱼烹，鸡鱼谁舍取？将为水晶脍，聊说苦吟口。主人曰无醯，调和只宜酒。一夜严霜寒，池冰坚可扣。谁知酒不冰，流澌鱼可走。旁观粲然笑，易牙知此否？始知五味和，咸酸必相有。提壶我有求，君瓮更发甋。宿诺惠未来，望梅渴已久。似闻君酿醯，巧心出杨柳。杨柳属他人，肠断香山叟。举瓢酌醯时，又忆玉纤手。一顾一心酸，泪珠满翠袖。此亦人至情，何不告朋友。古人有乞浆，得酒意愈厚。又恐酒俱来，太岁正在酉。<sub>时乙酉岁</sub>[1]。

冯居庸有《柴米油盐酱醋茶》七诗。

释清珙[2]诗：油煎青顶蕈，醋煮紫芽姜[3]。

曾茶山[4]《和曾宏父饷柑诗》：莫向君家樊素口，瓠犀微齼远山颦。<sub>《说文》：断齿，伤醋也。音楚，亦作齼。</sub>

袁宏道[5]诗：醯鸡何日得离酸。

陈与义[6]诗：宁饮三斗醋，有耳不听无味句[7]。

---

① 时乙酉岁：应为1285年。
② 释清珙（1272—1352年）：元代诗人，僧人。
③ 此句出自《溪岩杂咏》。
④ 曾茶山：曾几（1085—1166年），南宋诗人。
⑤ 袁宏道（1568—1610年）：明代学问家。
⑥ 陈与义（1090—1138年）：宋诗人。
⑦ 此句出自《送王周士赴发运司属官》。

袁桷诗：劳生已尝醋。

虞淳熙①诗：逃名蚋聚醯。

李东阳②书画卷后诗：戏将水墨洒缣素，如饫粱肉甘醯糟③。

余姚王德章④尝口占云：柴米油盐酱醋茶，七般都在别人家。寄语老妻休聒噪，后园踏雪看梅花。

沈与求⑤《钱唐赋水母》诗：稻醯齑寒荐香橙，入齿已复能解酲。

《坚瓠集》⑥：元周德清，号梃齐，有《折桂令》云：倚蓬窗无语嗟呀，七件儿全无，做甚么人家？柴似灵芝，油如甘露，米若丹砂。酱瓮儿恰才梦撤，盐瓶儿又告消乏。茶也无多，醋也无多，七件事尚且艰难，怎生教我折桂攀花？

朱彝尊⑦《霜叶飞·咏柑》词：须不似，甜桃醋李。

庾信⑧《小园赋》：枣酸梨酢。

---

① 虞淳熙（1553—1621年）：明代浙江钱塘人。
② 李东阳（1447—1516年）：明代诗人。
③ 此句出自《书防翁先生书画卷后》。
④ 王德章：明代人。见明代蒋一葵撰《尧山堂外纪》卷七十一。
⑤ 沈与求（1086—1137年）：宋代诗人。
⑥《坚瓠集》：清代褚人获（1635—1682年）撰笔记。
⑦ 朱彝尊（1629—1709年）：清代词人。
⑧ 庾信：南北朝诗人。

周邦彦①《汴都赋》：鲐鮆鰕②鲍，酿盐醯豉。

张耒③《超然台赋》：世奔走于物④外兮，盖或至死而不顾，眇如醯鸡之舞瓮兮，又似青蝇之集污。

《天下同文集》⑤：黄文仲《大都赋》⑥：醯人夸酽，酒人夸浓。

王延寿⑦《王孙赋》：豁肝閧以琐醯。注：若吸酸，攒锁眉目也。

《枣林杂俎》⑧：蒙城陈巙，荐贤良方正，考选试《豆芽菜赋》，有"酤糟子姜之掌，沫醯新笋之丝"之句。

谢惠连⑨《祭古冢文》：盘或梅李，盎或醯醢。

司空图⑩《与李生论诗》曰：江岭之南，凡是资于适口者，若醯，非不酸也，止于酸而已。若鹾，非不咸也，止于咸而已。酸咸之

---

① 周邦彦（1057—1121年）：北宋词人。
② 鰕：小鱼。原文无此字，据通行本加。
③ 张耒（1054—1114年）：北宋诗人。
④ 物：原作"屋"，据清代陈元龙（1652—1736年）辑《历代赋汇》卷八十一改。
⑤《天下同文集》：元代周南瑞编，所收诗文限于元代前期。
⑥《大都赋》：元代黄文仲撰辞赋。
⑦ 王延寿（140？—165？年）：东汉辞赋家。
⑧《枣林杂俎》：明代谈迁（1593—1658年）撰笔记。
⑨ 谢惠连（406—433年）：南朝宋文学家。
⑩ 司空图（837年—908年）：唐代诗人。

外，醇美者有所乏耳。

黄庭坚《跛奚移文》：和糜勿投醯，齑臼晚用姜。

谢叠山《谢惠醋启》：道心苦淡，自知吸釃之难；德意醇醲，乃有作酸之惠。香浮颊舌，感在衷肝。窃以设醴虽微，庸见尊贤之意；馈浆亦未，可观敬老之诚。物有薄而用宏，礼若轻而义重。我闻周典，官有醯人，掌五齑之调和，合七菹而酝酿。上则登于王所，共者有严；下而赐及宾筵，礼之亦厚。使膳修①而无此，恐滋味之缺然。盐必有梅，前圣之望良弼；鼻能吸醋，后贤以取相才。自非其物之可珍，何有斯人之善喻。伏念某言无可口，事不皱眉。静观世味之噞喁，堪怜众蚋；独爱道真之嚅哜，又笑醯鸡。饥渴不足以害心，饮馔何求于养体，犹未安于微分，爰有请于淡交。遂烦小炙②，专致巨瓮。乃烹雨韭，顿添春菜之光华；以渍冬萍，不厌朝齑之索漠。邻何待乞，客亦可供。尽忘东野③之酸，或止相如之

---

① 修：即馐。
② 炙：原作"奚"，与意不符，据通行本改。
③ 东野：唐代诗人孟郊（751—814年）字。原作"东里"，据清嘉庆六年（1801年）谢氏蕴德堂《谢叠山文集》改。孟郊有《孟东野集》，存诗四百首，大多倾诉穷愁之苦，寒酸意味较浓。

渴。恭惟某官满怀蕴藉，落笔森严。行独刚方，不效微生高之直；量兼容忍，真有范鲁公之能。遂令寒窭之庖，颇知曲直之味。某咽津佩德，流歠怀仁。愿子和羹，当雨霖之重任；为吾发覆，窥天地之大全。既以心藏，不须言谢。

严忍公乞醯于闻子有。闻许而不与，严作启谢之曰：不肖穷，不能炊，痴犹乞菜。仅祈醯酱之末，敢冀涓滴之资。知时值饥荒，情当窘惜。第概语醋而可求也。岂遂计闻不在兹乎？乃承子谓：吾家少有将遗与汝，加餐何期鞠穷之呼？但得毳饭之报，名为措大，本色原不可以假人，孤必无邻，直道自宜行于答，或君虽虚季布之诺①，我实深鲍叔之知。欲破愁肠，念兹枵腹，未尝上口，先致攒眉。已不欲而勿施，客复廉而无取。应讶毕，吏部与酒俱干。切怪石女郎为风所阻，且醋有错音。错误偶然，特前言之戏耳。又酢同醋②也。酬酢劳矣，恐后事之多。兹洵同若水之淡交，愈感薄尝之高谊。谨启。③

《楞严经》：如我先言："心想醋味，口中涎

<hr />

① 季布之诺：即一诺千金，见《史记·季布栾布列传》："得黄金百斤，不如得季布一诺。"
② 醋：原作"酢"，据语意改。
③ 此段见《坚瓠集》卷二《谢乞醯不与名》。

生；心想登高，足心酸起。"悬崖不有，醋物未来，汝体必非虚妄通伦，口水如何因谈酢出？是故当知，汝现色身，名为坚固第一妄想。

又：我无始劫，为世良医，口中尝此娑婆世界草木金石。名数凡有十万八千。如是悉知苦、醋、咸、淡、甘、辛等味。

谚语：头醋不酸，二醋不辣。

# 附：醯赋并醯酒倡和诗

## 醯赋 赵信

爰醯名之肇始，伟散著于群经。《鲁论》[①]胜讥于或乞[②]，《内则》详制于柔腥[③]。宜饮食而和[④]用列谷阳[⑤]，夫东廷旧传造作于殷果。曾闻劝戒于刘伶[⑥]，厥酿似酒，厥味如蓂[⑦]。厚渍敖仓[⑧]之粟，差解食品之腥。或贮百瓮[⑨]，或藏

---

① 《鲁论》：即《鲁论语》。

② 胜讥于或乞：见《论语》："孰谓微生高直？或乞醯焉，乞诸其邻而与之。"

③ 详制于柔腥：见《礼记·内则》："肉腥，细者为脍……实诸醯以柔之。"。

④ 宜饮食而和：《礼记·内则》："和用醯"。

⑤ 谷阳：见《仪礼》："醯醢百瓮，夹碑十以为列，醯在东。"注：夹碑在鼎之中央也，醯在东。醯、谷，阳也。

⑥ 劝戒于刘伶：见《渊鉴类函》："晋刘伶妻吴氏，因夫嗜酒败事，欲其节饮，每酿酒则以盐梅辛辣之物投之酒内，致其味酸，盖不欲其饮也。"

⑦ 味如蓂：见《风俗通》："酢如蓂荚。"蓂：古代神话传说中尧时的一种瑞草。

⑧ 敖仓：秦设置古代重要粮仓，泛称粮仓。柳宗元《与李睦州书》："醯敖仓之粟以为酸。"

⑨ 或贮百瓮：《仪礼》："醯醢百瓮，夹碑十以为列，醯在东。"又，《礼记》："宋襄公葬其夫人，醯醢百瓮。"

一瓶①，或拟三斗之饮②，或广千瓨之馨③。尔其
《本草》咸书，《方言》备载。锡④总管⑤之头
衔，憎小耗⑥之恶秽。味投梅实以成酸，色映
桃花⑦而可爱。摄生列五味之先，尝膳近七事⑧
之殿。鼎铉藉之以调羹，祠祭需之以时荐⑨。
常镇蛟龙之伏⑩，莫负鱼鸡之选⑪。华池左味⑫，
陶家之新号堪夸；凤林鸣酸⑬，仙药之佳名称
擅。乃若柽⑭畬为友，梨枣同酸。课输国赋，

① 或藏一瓶：《汉书·食货志》："鲁匡言酒酤法，一斛之
平……"

② 三斗之饮：见元代吴亮、许名奎撰《忍经》："昔人有言：
能鼻吸三斗醇醋，乃可为宰相。"

③ 千瓨之馨：见《史记》："通都大邑，醯酱千瓨，比千乘家。"

④ 锡（cì）：同"赐"。

⑤ 总管：在酸甜苦辣咸中，醋居五味之首，古人称醋为"食
总管"。

⑥ 小耗：恶醋的别称。

⑦ 色映桃花：见唐冯贽撰《云仙杂记》："唐世风俗，贵重桃
花酸。"

⑧ 七事：古代治国的七件大事，指祭祀、朝觐、会同、宾
客、军旅、田役、丧荒。暗指柴米油盐酱醋茶七事。

⑨ 祠祭需之以时荐：见《祭法》："四时之祠皆用苦酒。"

⑩ 常镇蛟龙之伏：见《唐国史补》："圣善寺阁，常贮醋数十
瓮，恐为蛟龙所伏，以致雷震也。"

⑪ 鱼鸡之选：见谢叠山《乞醯》诗："先民耻乞字，乞醯良可
丑。卖鸡买鱼烹，鸡鱼谁舍取？"

⑫ 华池左味：陶弘景："醋酒为用，无所不入，愈久愈良，亦
谓之醯……丹家又加余物，谓为华池左味。"

⑬ 凤林鸣酸：《汉武内传》："西王母谓帝曰：仙药有凤林鸣酢。"

⑭ 柽（chéng）：果名，即橙。

职隶天官。多食却愁其损胃，少饮斯能以辟寒。峈血[1]传长者之德，爂醔[2]饮军中之干。注鼻鞫囚[3]史著严刑之过，开胸豁眼医称善治之丹。每思东里独妪之醯[4]，常怀邹平食宪[5]之单。斯为味乎？至味良其餐乎？常餐至有叠山佳句[6]，石恪书图风流[7]，曼卿饮与酒而俱尽传

① 峈（kè）血传长者之德：见《新唐书·任迪简传》："任迪简，天德李景略表佐其军，尝宴客，而行酒者误进醯。景略用法严，迪简不忍其死，饮为釂，徐以他辞请易之，归峈血，不以闻，军中悦其长者。"峈血：吐血，呕血。

② 爂醔：见《事物绀珠》，军中干醋。

③ 注鼻鞫囚：见《旧唐书·酷吏上》："来俊臣每鞫囚，无问轻重，多以醋灌鼻。"

④ 醯：原作"檄"，据文意改。东里独妪之醯：见宏君举《食檄》："大市覆罂之蒜，东里独妪之醯。"

⑤ 邹平食宪：唐代段文昌（773—835年）自编《食经》五十卷，时称《邹平公食宪章》。

⑥ 叠山佳句：谢叠山（1226—1289年）有《乞醯》《谢惠醋启》长诗。

⑦ 石恪书图风流：石恪画有《尝醋翁》，黄庭坚有诗《题石恪画尝醋翁》。

神①，王戬年虽老而能摹②，潘子则逡巡戏咏③，卢相则笑答堪娱④，赵卿为治眼之上药⑤，王维闻入瓮之呻吾⑥。夫其瓶投红炭以制瓮，驱白醭为方。动韩家之顽石⑦，发郑氏之新香⑧。病入庭前之树⑨，医痊火上之伤⑩。宋都坊库一十八处⑪之

---

① 曼卿饮与酒而俱尽传神：石曼卿（992—1040年），北宋诗人。《梦溪笔谈》卷九："石曼卿喜豪饮，与布衣刘潜为友。尝通判海州，刘潜来访之。曼卿迎之于石闼堰，与潜剧饮。中夜酒欲竭，顾船中有醋斗余，乃倾入酒中并饮之。至明日，酒醋俱尽。"

② 王戬年虽老而能摹：见《琐碎录》："王戬从幼不食酢，年八十余犹能传神。"

③ 潘子则逡巡戏咏：见苏轼诗《刘监仓家煎米粉作饼子余云为甚酥潘邠老家造》："已倾潘子错著水，更觅君家为甚酥。"

④ 卢相则笑答堪娱：见《唐国史补》卷上："卢相迈不食盐醋，同列问之：足下不食盐醋，何堪？迈笑而答曰：足下终日食盐醋，复又何堪？"

⑤ 赵卿为治眼之上药：见《北梦琐言》卷十："有少年眼中常见一小镜子……闻芥醋香，轻啜之，逡巡再啜，遂觉胸中豁然，眼花不见。"

⑥ 王维闻入瓮之呻吾：见唐代冯贽撰《云仙散录》卷二："王维苦吟，走入醋瓮。"

⑦ 动韩家之顽石：见《琅环记》卷上："韩朋墓木有相思子，有海石若豆瓣，入醋能移动者，亦曰相思子。"

⑧ 发郑氏之新香：见《玉泉子》："唐郑余庆享客，酱酢新香。"

⑨ 病入庭前之树：见《酉阳杂俎》续集卷十："杜师仁尝赁居，庭有巨杏树……树病醋心。"

⑩ 医痊火上之伤：见《北梦琐言》逸文卷二："一婢抱小儿不觉落炭火上，便以醋泥敷之，旋愈无痕。"

⑪ 坊库一十八处：见《乾道临安志》卷二："醋库一十八处，分在府城内外。"

称富，周礼奄女二十二人①而共襄。抑且一字成洛阳之桥②，二豆致房中之喜③，贮至须乎土城熟，必调夫铜匕。杯浮苦酒，书生每对此而攒眉；壶满寒浆④，妒女更相宜而染指⑤。

## 以红酢饷丁君敬身，易其家醯而归，作诗三首寄之 赵昱 谷林

寒街迢递⑥走奚童，兰臭相成投报同。束带祗修迎毕卓⑦，缄瓶专饷易曹公⑧。拈来小户三巡

---

① 奄女二十二人：见《周礼·天官·冢宰》："醢人奄二人、女醢二十人。"

② 一字成洛阳之桥：见《枣林杂俎中集·营建》：泉州万安桥，俗呼洛阳桥，长三百六十丈。鄞县蔡锡，永乐癸卯乡试入胄监，仁庙以学行授兵科给事中，出守泉州，欲修万安桥，发石刊，曰："石头若开，蔡公再来。"檄海神，遣醉卒自投于海。若有神擎之者，俄易书一"醋"字，乃八月二十一日酉时也。事载锡《家传》中。今庙象皂服，行人过，焚草履一辆。

③ 二豆致房中之喜：见《仪礼·士昏礼》："馔于房中，醯酱二豆。"

④ 寒浆：《尔雅·释草第十三》："葳，寒浆。"也叫醋浆。

⑤ 妒女更相宜而染指：《梦林玄解》："饮醯凶占曰：醯，醋也。梦饮此者，令人酸鼻之兆，生离死别，难免悲痛情怀；待物接人，不脱寒酸气味。妇女梦之，必生妒忌之心，有怙宠之态。"

⑥ 迢递：遥远的样子。

⑦ 毕卓：晋吏部郎毕卓，常饮酒废职。后常以指嗜酒成癖的人。

⑧ 曹公：指曹操。

后，呷过良医一味中。醉士吟身分认取，君当摩诘①我无功②。

鸣酢琼浆未易贪，寻常嗜好有余骯。此中合指惟宜饮，终日相须恐不堪。醋人襟怀原自具，曲生风味许粗谙。瓶盆提挈烦还往，江路城隅一径南。

煎调百物醉千场，偷得仙人玉粒方。待佐葱鸡添旨脆，凭将曲饼制精良。<small>敬身曾示余造曲法。</small>桃花红换梨花白，三斗酸输五斗香。若向吾曹征酿造，非夸东里定余杭。

赵信

小楂分携袛一经，城南阿段叩柴扃。酿来香秫调灵药，乞与莲花泛绿醽③。入手居然称老子，攒眉应为忆酸丁。半杯谢却刘伶妇，不杂盐梅我亦醒。<small>余不善饮，自号半杯道人。</small>

勘书爱画性成痴，嗜好原非与俗宜。但有深杯浇磊块，苦无灵石试相思。瓶藏旧法投红炭，清夜寒深到玉卮。吟齿渐牢心欲醉，相期今夕乐醅时。

---

① 摩诘：指唐代诗人王维（约693—761年）。王维，字摩诘。
② 无功：指王绩（约589—644年），字无功，唐初诗人，五言律诗的奠基人。
③ 绿醽：醽醁酒，产于湖南衡阳，魏晋南北朝时驰名天下。唐代以前，中国的粮食酒呈绿色。

## 谷林意林以新诗红酢见贻，<sup>敬</sup>报以腊酝，因次第奉赓来韵 丁敬 敬身

年来脞劣减青童，扶养须教气味同。恰举楳醯资野客，聊缄雪酿报山公，神醋柳槛清吟后，液涌华池默漱中。两地情怀真自可，钩诗却疾总成功。

左味吾生亦所贪，祇无仙骨媲苏耽。桃花映肉红真似，楳子胶牙比略堪。和水曾供豪士饮，穷经定有腐儒谙。寒居兔瑷沾唇后，桂酒奚须傲岭南。

佳味新诗总擅场，我惭郏莒敢相方。展徕陡觉尘心远，蓄久能扶药性良。陈古案吟红烛短，入辛盘喷绿衣香。胜情雅事酬何所，拟放梅花一苇杭。和谷林。

水北山南久未经，忽逢清快豁心扃。琼章乍许联郐撰，法醲聊为返市醽。味压木奴成曲直，句酬花萼叹零丁。余鲜手足，每诵伯仲之诗，不胜怅羡。从今入载延佳客，可怕曹腾醉不醒。

王郎空学虎头痴，不与榴家酢酢宜。欢伯<sup>①</sup>肝肠虽易接，迂儒风调更堪思。羽人旧落烧云灶，我欲常珍奔月卮。最是策动须记取，寒檠读倦睡来时。和意林。

---

① 欢伯：指酒。汉代焦赣《易林》卷二《坎说》："酒为欢伯，除忧来乐。"

醯略

○四三

## 谷林以红酢贻敬身，敬身以腊酝为报，各有长句三首，仆以次韵奉呈一笑 厉鹗

食单无事问铴童，醇酽应知味略同。撮口初尝图石恪，科头快漉忆陶公。沟名酸涩宜吾辈，乡异温柔老此中。桑落桃花成二绝，自惭瓶罄乏全功。

许田璧易[①]讵云贪，满器提携性各耽。七事分明茶作殿[②]，一中惟有睡能堪。瓮头醴少除鸡舞，缸面风回只蚁谙。国禁弛时邻免乞，老夫摩腹步邨南。

二子纵横翰墨场，不烦贾勰[③]更傅方。山肴午饷资收敛，野酢秋巡爱善良。句里雅工刘

---

① 许田璧易：《史记·鲁世家》："恒公元年，郑伯以璧易天子之许田。"郑国用祊交换鲁国的许田，鲁国有些吃亏，因为祊小，为一行馆；许田较大，为一乡邑。郑国在原来交换祊的基础上，还给鲁国加上价值不菲的璧玉，鲁桓公很高兴地接受了。鲁郑两国的土地交易，没有经过周王的许可。这两块地的所有权属于周王朝，诸侯是没有权利私下进行交换的。这种交易不合礼制，是无视周王权威的做法。平王东迁后，周天子已经不能有效控制、约束诸侯，威权丧失。许田璧易正是周王朝衰落的体现。

② 七事分明茶作殿：柴米油盐酱醋茶，是老百姓家庭中的必需品，俗称开门七件事。茶排在最后一位，称为殿。

③ 贾勰：即贾思勰。

氏<sup>①</sup>颂，卷中时发郑家<sup>②</sup>香。我逢高唱难为继，楼库遗踪<sup>③</sup>记古杭。

## 敬身和余以酒易酢诗韵再投三章 赵昱

轮君博物正惭惶，清和琅琅气压霜。埽竟风轩倾九酝，漱余贝齿试三黄<sup>④</sup>。破除有豆嘲无豆，寥落酸肠敌酒肠。际此消寒足高咏，筒封络绎但相将。

方钞元秘充佳馔，事核瑰奇迭韵诗。千里千钟连类指，女醯女酒并名垂。宾筵早识丰侯戒，抱瓮还思树蠚医。尔酢我酬征好会，实归虚往谢相知。

鸢肩客忆丰神秀，羊鼻公饶气格清。咽咽犯同僧律饮，休休暖借醉乡生。平分总管督邮<sup>⑤</sup>号，并黜茅柴小耗名。却笑底须三十辈，腾欢殊胜万千觥。

---

① 刘氏：指刘伶。
② 郑家：指唐朝人郑余庆。
③ 楼库遗踪：指在藏书楼里查找资料。
④ 三黄：黄连、黄芩、大黄。
⑤ 督邮：即平原督邮，劣酒、浊酒的隐语。

### 无题[1] 赵信

炼药还同炼句时，酿成清味合如斯。送迎共许藏千里，来往无多各一瓶。<small>时借书于城南。</small>酸老充厨应适口，曲君入座解愁眉。青灯夜雨消寒会，尔我风怀祗自知。

才拆红泥里箬香，酸齑醉士爱分将。隔城迢递赴君指，报饷逡巡抱瓮尝。百槛挤来成酪酊，千缸酽出少储藏。饮余各自相夸诩，记取清闲与莫量。

---

[1] 无题：原诗无题目，《无题》为点校者所加。

# --- 卷四 ---

## 杂记

《唐国史补》[①]：圣善寺阁，常贮醋数十瓮，恐为蛟龙所伏，以致雷震也。

《北梦琐言》[②]：有少年眼中常见一镜子，赵卿诊之曰："来晨以鱼脍奉候。"及期延于阃[③]内，从容久饥，候客退，方得攀接。俄而，台上施一瓯芥醋，更无他味。少年饥甚，闻芥醋香，轻啜之，逡巡再啜，遂觉胸中豁然，眼花不见。卿云："君吃鱼脍太多，非芥醋不快。故权诳而愈其疾也。"

《吴地志》[④]：平门西北二里有偏将军孙武坟，西北有酱酢城，汉刘濞[⑤]筑。

又：吴王筑城以贮醯醢，今俗呼为苦酒城。

《晋书·张华传》：陆机尝饷华鲊。华发器，便曰："此龙肉也。"试以苦酒沃之，既而五色光起。

《博物志》[⑥]：龙肉醯渍，则文章生。

---

① 《唐国史补》：唐代李肇撰历史笔记。
② 《北梦琐言》：宋代孙光宪（901—968年）撰笔记。
③ 阃：古代竖在大门中央的短木，又叫门橛。
④ 《吴地志》：即《吴地记》，唐代陆广微撰地方志。
⑤ 刘濞（前216—前154年）：汉高祖刘邦之侄，西汉吴王。
⑥ 《博物志》：西晋张华（232—300年）撰志怪小说集。

《清异录》：韦巨源《食帐》①有葱醋鸡。

《唐国史补》：卢相迈不食盐醋，同列问之："足下不食盐醋，何堪？"迈笑而答曰："足下终日食盐醋，复又何堪？"

《酉阳杂俎》②：杜师仁尝赁居，庭有巨杏树。邻居老人每担水至树侧，必叹曰："此树可惜。"杜诘之，老人云："某善知木病，此树有疾，某请治。"乃诊树一处，曰："树病醋心。"杜染指于蠹处，尝之，味若薄醋。老人持小钩披蠹，再三钩之，得一白虫如蝠。乃傅药于疮中，复戒曰："有实自青皮时必标之，十去八九，则树活。"如其言，树益茂盛。又云：尝见《栽植经》③三卷，言木有病醋心者。

《清赏录》④：王维苦吟，走入醋瓮。

《龙城录》⑤：魏徵一日退朝，太宗笑谓侍臣曰："此羊鼻公不知有何好而能动其情？"对曰："徵好醋芹。"明旦召赐食，有酢芹三杯。徵见之喜，食未竟而芹已尽。上笑曰："卿尝谓无所好，今朕见之矣。"徵拜谢曰："君无为，故

---

① 韦巨源《食帐》：韦巨源在举办"烧尾宴"后留下的菜单。韦巨源（631—710年），唐朝宰相。
②《酉阳杂俎》：唐代段成式撰志怪小说集。
③《栽植经》：已散佚。
④《清赏录》：见唐代冯贽撰《云仙散录》，为冯贽杜撰之书。
⑤《龙城录》：唐代柳宗元（773—819年）撰笔记小说。

臣无所好，臣执作从事，独僻此收敛物。"太宗默而感之。徵退，太宗仰睨三叹。

《琐碎录》[1]：饮热醋尤能辟寒，胜如酒。

又：食包子时，用酢醮，免回气。盖包子包气，酢能破气也。

元李廷飞云：酢能少饮，辟寒过于醇酒。

又云：王戬从幼不食酢，年八十余犹能传神。

《玉泉子》[2]：唐郑余庆享客，酱酢新香。

《文昌杂录》[3]：石曼卿，通判海州[4]，刘潜来访之。曼卿与剧饮，中夜酒欲竭，顾船中有酢斗余，乃倾入酒中并饮之，酒醋俱尽。

《清异录》：醋可作劝盏。

《枣林杂俎》：古酢，延平府城东北报国寺，五代唐时建，初开山僧尝留酢一缸，经数百年色味不变。

---

[1]《琐碎录》：宋代温革撰，清中期散佚。上海图书馆1962年收藏明末清初抄本，题名《分门琐碎录》，见"食包子时，用酢醮……"句，其余三句无，疑抄本有缺失。

[2]《玉泉子》：唐代笔记小说。

[3]《文昌杂录》：北宋庞元英撰笔记。此段在《文昌杂录》中未见，见于北宋沈括《梦溪笔谈》卷九。

[4] 海州：今江苏连云港市。

《老学庵笔记》①《委巷丛谈》②：自驾车幸临安后，吏辈又为之语曰：兵职驾库，齩③姜呷酢。

夏侯信④曾以一小瓶贮酢一升自食，家人不沾余沥，仆云：酢尽。信必取瓶，合掌，尚余数滴，以口吸之。

《梦溪笔谈》⑤：吴人多谓梅子为曹公⑥，以其尝望梅止渴也。又谓鹅为右军⑦。有一士人，遗人酢梅与燖⑧鹅，作书云："酢浸曹公一甏，汤燖右军两只，聊备一馔。"

《佣吹录》⑨：醋浸曹丞相，汤燖王右军。

---

① 《老学庵笔记》：南宋陆游（1125—1210年）撰笔记。卷六："及大驾幸临安，（丧乱之）后……吏辈又为之语曰：……兵职驾库，齩姜呷酢。"

② 《委巷丛谈》：明代田汝成撰《西湖游览志余》卷二一至卷二五辑出单刻成书。卷二五："及驾幸临安，（丧乱之）后……吏辈又为之语曰：……兵职驾库，齩姜呷酢。"

③ 齩：同"咬"。

④ 夏侯处信：原文误为"夏侯信"，唐代荆州长史。此段语出唐代张鷟（660—740年）撰《朝野佥载》卷一。

⑤ 《梦溪笔谈》：北宋沈括（1031—1095年）撰笔记。

⑥ 曹公：曹操（155—220年）。

⑦ 右军：王羲之（303—361年），曾担任右将军，人称王右军。《晋书·王羲之传》："性好鹅。""羲之爱鹅"后来被当作文人雅士情趣生活的体现。

⑧ 燖（xún）：用火烧熟。

⑨ 《佣吹录》：明代文德翼撰笔记。

《癸辛杂识》[①]：束元嘉知海陵[②]，泰州。禁醋甚严。有大书于郡门曰：束手无措。

《乾道临安志》：醋库一十八处，分在府城内外。

《咸淳临安志》[③]：有公使酢库，红亭醋库，大路营醋库，棚前醋库，北比较醋库，朝天门醋库，修城北醋库，南比较醋库，城南醋库，范浦醋库，江涨桥醋库。

《西湖游览志》[④]：醋坊巷，宋时有醋库十二。一在此，一在府街后，一在菜市桥，一在小新营，一在栅北营，一在洋坝头，一在井亭桥，一在朝天门，一在三桥，一在龙舌头，一在范浦，一在江涨务。

《鸡肋编》[⑤]：欲得富，赶着行在[⑥]发酒酢。

《城东杂录》[⑦]：《咸淳临安志》红亭醋库在菜市桥东街南面北，今名醋坊巷。宋时酒醋皆官库酝造，纳缗钱于户部。临安有醋库十二，此其一也。但今巷在东街北面南，与志异尔。

①《癸辛杂识》：南宋周密（1232—1298年）撰笔记。
② 海陵：原文为"嘉陵"，有误，据通行本改。海陵县为泰州治所。
③《咸淳临安志》：南宋施谔撰杭州地方志。
④《西湖游览志》：明代田汝成撰笔记。
⑤《鸡肋编》：南宋庄绰（1079?—1143?年）撰笔记。
⑥ 行在：皇帝行幸所在，南宋的都城名义上仍是汴京（今河南开封），临安（今浙江杭州）为行在。
⑦《东城杂记》：厉鹗撰《东城杂记》笔记，原名《城东杂录》。

庄季裕《鸡肋编》载建炎[①]后俚语云："欲得官，杀人放火受招安；欲得富，赶着行在发酒醋。"盖宋自王安石设法卖酒，并醋亦榷之。南渡后军兴，百费浩繁，遂不能革。既禁私造，其直必昂，遂有因此以致富者矣。

《东坡集》[②]：刘监仓家煎米粉作饼子，余云为甚酥。潘邠老家造迓巡酒，余饮之云："莫作醋，错着水来否？"后数日，余携家饮郊外，因作小诗戏刘公求之。野饮花间百物无，杖头惟挂一葫芦。已倾潘子错着水，更觅君家为甚酥。

《博异记》[③]：崔元徽遇数美人，李氏、陶氏，又绯衣少女，曰石醋醋。又有封家十八姨来。石醋醋曰：诸女伴皆住苑中，每被恶风所挠，常求十八姨相庇。处士每岁旦与作一朱幡，图日月，五星则免矣。崔许之，其日立幡。东风刮地，折木飞花，而苑中花不动。崔方悟：众花之精，封家姨乃风神也。石醋醋乃石榴也。

《酉阳杂俎》[④]：醯石：成式群从言，少时曾毁鸟巢，得一黑石，如雀卵，圆滑可爱。后偶置醋器中，忽觉石动，徐视之，有四足如蜒，举之，足亦随缩。

---

① 建炎：公元1127—1130年。

②《东坡集》：是北宋苏轼（1037—1101年）亲自编定的著作集。

③《博异记》：唐代谷神子撰笔记小说。此段未录全文，乃大意。

④《酉阳杂俎》：唐代段成式（803—863年）撰笔记小说。

《云烟过眼录》①：长生螺数枚，置之醋中，即活。

尤氏《红箱集》②：璕瑠生海洋深处，状如龟鳖。背负十二叶，有文藻。取用时，倒悬其身用器盛，滚醋泼之，逐片应手而下，但不老大则其皮薄，不堪用耳。

《闽部疏》③云：莆田青山海滨，产小石，状似杏仁。而擘两瓣，腹有文如虫，于沙石中拾之，贮醯楪中。两石离立相对，须臾能自动，两相迎合，名曰相思，亦曰雌雄石。《本草》谓之郎君子。

《海槎余录》④：相思子生于海中，如螺之状，而中实若石焉，大比豆粒。好事者藏置箧笥，积岁不坏，亦不转动。若置醋一盂试投其中，遂移动盘旋不已。亦一奇物也。

《琅环记》⑤：韩朋墓木有相思子，有海石若豆瓣，入醋能移动者，亦曰相思子。

信按：墨江玲珑崖前两大石，白者似象即名象石；带墨色者似狮，即名狮石。余昔年友人

①《云烟过眼录》：南宋周密（1232—1298年）撰，中国第一部以著录私家藏画为主要内容兼录南宋皇室部分藏品的著录著作。

②《红箱集》：明代尤镗撰笔记。

③《闽部疏》：明代王世懋（1536—1588年）撰笔记。

④《海槎余录》：明代顾岕撰笔记。

⑤《琅环记》：元代伊世珍撰笔记。

曾遗一石，取开用，平石上磨至薄钱样，以平底磁盘盛醋。数分许，将二石各投一片于两处，远远分开，彼即自然走至一处。故又名为相思石。噫！顽石有情，天之所以省世之无情者至矣。

《资暇录》①：代称士流为措大，言其峭醋而冠四人之首。一说衣冠俨然，黎庶望之，有不犯之色，犯必有验，比于醋而更验，故谓之焉。或云：往有士人，贫居新郑之郊，以驴负醋，巡邑而卖，复落魄不调，邑人指其醋驮而号之。新郑多衣冠所居，因总被斯号。亦云：郑有醋沟，士流多居其州②。沟之东尤多甲族，以甲乙叙之，故曰“酢大”。愚以为四说皆非也。醋，宜作“措”，止言其能举措大事而已。

《胡氏笔谈》③：世谓秀才为措大，元人以秀才为细酸。《倩女离魂》首折，末扮细酸为王文举是也。细酸字面仅见，此今俗尚由此称。

《五杂俎》④：今人以秀才为措大。措者，醋也，盖取寒酸之味。而妇人妒者俗亦谓之吃醋⑤，不知何义。

---

① 《资暇录》：唐代李匡乂撰考据辨证类笔记。
② 士流多居其州：原文作“士流名家其在”，据通行本改。
③ 《胡氏笔谈》：该书已散佚。该段出自胡应麟（1551—1602年）撰《少室山房笔丛》卷四一《庄岳委谈下》。
④ 《五杂俎》：明代谢肇淛（1567—1624年）撰笔记。
⑤ 吃醋：房玄龄夫人吃醋的典故。

《余氏辨林》①：今俗嘲士人曰酸。亦误措为醋之意乎？

《辍耕录》②：张士诚据有平江③日，松江④俞俊以贿通伪尹郑焕，署宰华亭，酷刑朘剥，邑民恨之入骨髓。袁海叟作诗曰："四海清宁未有期，诸公衮衮正当时。忽然一日天兵至，打破王婆醋钵儿。"人皆不知醋钵之义，以问叟，叟曰："昔有不轨，伏诛暴尸于竿。王婆买醋，经过其下，适索朽尸坠，醋钵为其所碎。王婆年老无知，误谓死者所致，顾谓之曰：汝只是未曾吃恶官司来。"闻者皆绝倒。

《见闻录》⑤：三原王公承裕，自少有雅量，诸老嫂尝试之。暑月，先生如厕，必置扇外舍牖间。使婢藏之，出视无扇，辄往，及三置三藏之。则不复置扇，而终无愠色。诸老嫂相与笑曰："七叔量大如海，其将鼻吸三斗醋耶！"公后果至南京户部尚书。

《真腊风土记》⑥：土人不能为醋，羹中欲

---

①《余氏辨林》：明代余懋学（1543—1599年）撰笔记。
②《辍耕录》：元末明初人陶宗仪（1329—1412？年）撰笔记。
③ 平江：今江苏苏州。
④ 松江：今上海松江。
⑤《见闻录》：明代陈继儒（1558—1639年）撰笔记，又名《眉公见闻录》。
⑥《真腊风土记》：元代周达观撰柬埔寨游记。

酸，则着以咸平树叶。树既荚，则用荚；既生子，则用子。

卢熊《苏州府志》：酒醋城。《吴地记》[①]云：在胥门西南三里。《水经注》[②]：役水，又东北为酢沟。

《十三州志》[③]：醋沟在中牟县。

《枣林杂俎》：郭缘生《述征记》[④]：酱魁城至醋沟凡十里。

《渊鉴类函》：洛阳桥在福建泉州府城东北，跨洛阳江，郡守蔡襄建。先是海渡岁溺死者无算，襄欲垒石为梁，虑潮浸，不可以人力胜。乃遗檄海神，遣一吏往。吏醉饮，睡于海厓，半日潮落而醒，则文书已易封矣。归呈襄，启之，惟一"醋"字。襄悟曰："神其令我廿一日酉时兴工乎？"至期，潮果退舍。凡八日夕而功成，费金钱一千四百万。

《字触》[⑤]：宋忠定公蔡襄出守泉州，以母命建万安桥。公计海之深踰[⑥]千丈，筑址垒石无着力地，命吏为文报海神。隶赍文就肆痛饮，

①《吴地记》：唐代陆广微撰地方志。
②《水经注》：北魏郦道元（472—527年）撰。
③《十三州志》：北魏阚骃撰全国地理总志，原书已散佚。
④《述征记》：东晋郭缘生撰行役记。
⑤《字触》：清代周亮工（1612—1672年）撰算命书。
⑥踰：同"逾"。

酣睡于涯，潮至期而已。及醒，适潮退，起视之，则已易封矣。乃返而呈公，惟一"醋"字，翰墨如新，举郡莫识。公夜卧展转思之，方悟曰："神其令我二十一日酉时兴工乎？"至期，潮果退舍，沙泥壅积者丈余。潮之不至者联以八日，遂建此桥。

《枣林杂俎》：泉州万安桥，俗呼洛阳桥，长三百六十丈。鄞县[1]蔡锡，永乐癸卯[2]乡试入胄监，仁庙[3]以学行授兵科给事中，出守泉州，欲修万安桥，发石刊，曰："石头若开，蔡公再来。"檄海神，遣醉卒自投于海。若有神擎之者，俄易书一"醋"字，乃八月二十一日酉时也。事载锡《家传》中。今庙象皂服，行人过，焚草履一鞱。

信按：《宋史·蔡襄传》："徙知泉州，距州二十里万安渡，绝海而济，往来畏其险。襄立石为梁，其长三百六十丈，种砺于础以为固，至今赖焉"云云。并无遣檄海神得"醋"字兴工之事。遍考《八闽通志》《万历泉州府志》《泊宅编》《闽部疏》，及公自作《万安桥记》，皆不载"醋"字事。此必后人因公创是

---

① 鄞县：今浙江宁波。
② 癸卯：明永乐二十一年，公元1423年。
③ 仁庙：明仁宗朱高炽。

桥得名，即以蔡锡事传会之耳。

《万历野获编》<sup>①</sup>：高昌国之先，有玉伦的斤者，尚唐金莲公主。唐使相地者至其国，云：国有福山，其强盛以此，盍<sup>②</sup>坏山以弱其国。唐以婚姻求之，的斤遂与之。唐人焚以烈火，沃以浓醋，其石碎乃辇而去。鸟兽俱悲号。后七日，的斤死，传位者又数亡，乃迁于火州<sup>③</sup>。

《本草》：铅霜：用铅杂水银十五分之一，合炼作片，置醋瓮中密封，经久成霜。

《五灯会元》<sup>④</sup>：天台山<sup>⑤</sup>寒山子，因众僧炙茄，次将茄串向一僧背上打一下。僧回首，山呈起茄串，曰："是甚么？"僧曰："是这风颠汉！"山向傍僧曰："你道这僧，费却我多少盐醋？"

《研北杂志》<sup>⑥</sup>：畅师文字纯，夫雒阳<sup>⑦</sup>人，好奇尚怪。时所供醢颇醨<sup>⑧</sup>。知府云："敝舍有佳者，当令姬副使送膳夫所。"少顷，知府遣姬以盥盛醢至。问曰："何物也？"姬应曰："知府送酢。"即令跪阶下饮之至尽，曰："为我谢知府。"出而哇之。

①《万历野获编》：明代沈德符（1578—1642年）撰笔记。
② 盍（hé）：通"何"，为什么。
③ 火州：今新疆吐鲁番。
④《五灯会元》：中国佛教禅宗史书。
⑤ 天台山：位于浙江天台县城北。
⑥《研北杂志》：元代陆友撰笔记。
⑦ 雒阳：今河南洛阳。
⑧ 醨：薄酒。

《癸辛杂识》：大父，少傅，素廉俭，虽食醋，亦取之官库。一日与客持螯，醯味颇异常时，因扣从来，盖先姑婆乳母所为斗许，以备不时之需者。遂令亟去之，曰："毕竟是官司禁物，私家岂可有耶？"其自慎若此。

《芦浦笔记》①：欧阳公《归田录》云，世俗言语之讹，而君子小人皆同其谬，惟"打"字耳。请酒醋谓之打醋打酒。

《东莱诗话》②：东莱公③尝与群从出城，至邻寺中，寺僧设冷淘④，止具酢，无他物。令众对"入寺冷淘惟有酢"，叔巽应对云"出门蒸饼便无盐"。众服其敏。

《广东新语》⑤：广盐为吴、楚人所重，南赣人为醯酱者，必以广盐，谓气力重于淮盐一倍云。

《法书要录》⑥：右军书记，今付吴与酢二器。真行。

《庶斋老学丛谈》⑦：杨城之西有园，西域

①《芦浦笔记》：南宋刘昌诗撰笔记。

②《东莱诗话》：即《紫微诗话》，南宋吕本中（1084—1145年）撰笔记。

③ 东莱公：即吕本中（1084—1145年），世称东莱先生。

④ 冷淘：过水凉面条。

⑤《广东新语》：清屈大均（1630—1696年）撰笔记。

⑥《法书要录》：唐代张彦远（815—907年）撰第一部书法理论汇集。

⑦《庶斋老学丛谈》：元代盛如梓撰笔记。

人种植，每岁以无花果酝醋供御。按《内则》注，无花而实者名枛，江东人以杨梅煎汁饮之，《内则》名醷，桃诸梅诸，诸即菹也。又曰：滥即干撩也。

《臣鉴录》[①]：胡庭桂为铅山[②]主薄时，私醋之禁甚严。有妇诉其姑[③]私酿者，庭桂诘之曰："汝事姑孝乎?"曰："孝。"曰："既孝，可代汝姑受责。"以私醋律笞之。

《梦林元解》[④]：饮醯，凶，占曰：醯，醋也。梦饮此者，令人酸鼻之兆，生离死别，难免悲痛情怀；待物接人，不脱寒酸气味。妇女梦之，必生妒忌之心，有怙宠之态。

《月令广义》[⑤]：身壬论云：酒醋遇弦而生涎，糟酱遇潮而作涌。

《商文毅年谱》[⑥]：公被召，大小官员各具果酒饯别。其中一官敬谨之至，误开陈醋奉饮三杯，酬饮一杯，始觉是醋，随伏地请罪。公

---

①《臣鉴录》：清代蒋伊（1631—1687年）撰笔记。

② 铅山：今江西铅山。

③ 姑：婆婆，丈夫的母亲。

④《梦林元解》：明代陈士元（1516—1597年）撰，何栋如（1572—1637年）重辑的占梦书。

⑤《月令广义》：明代冯应京（1555—1606年）撰农书。

⑥《商文毅年谱》：即《商文毅公年谱》，明代商振伦撰。商文毅：即商辂（lù，1414—1486年），明朝名臣、内阁首辅，谥号"文毅"。

曰："也吃得何妨。"量之宽洪多如此。

葛洪《肘后方》①：治齿痛，用多年酸酢。

《千金要方》②：多食酢，损人骨，能理诸药，消毒热。

《金匮要略方》③：酢合酪食之，令人血瘕。

食禁方：凡酢不可与蛤同食。④《三元参赞延寿书》⑤：酢不可与蛤同食，相背也。

《日华子本草》⑥：米酢多食不益，男子损颜色。

《食疗本草》⑦：服诸药，不可多食酢。

《箧中方》⑧：治蚰蜒及蚁入耳，以酢注之即出。

《北梦琐言》：一婢抱小儿不觉落炭火上，便以醋泥傅⑨之，旋愈无痕。

---

① 《肘后方》：即《肘后备急方》，东晋葛洪（284—364年）撰医书。

② 《千金要方》：又称《备急千金要方》，唐代孙思邈（581—682年）撰医书。

③ 《金匮要略方》：东汉张仲景撰《伤寒杂病论》的杂病部分。

④ 凡酢不可与蛤同食：见唐代孟诜（612—713年）撰《食疗本草》卷下。

⑤ 《三元参赞延寿书》：宋末元初李鹏飞撰养生书。

⑥ 《日华子本草》：五代时期的本草书。原书已散佚，佚文散见于有关书中。

⑦ 《食疗本草》：唐代孟诜（612—713年）撰本草书。

⑧ 《箧中方》：唐代许孝宗撰医书。原书已散佚，佚文散见于有关书中。

⑨ 傅：同"敷"。

# 跋

书生有气味，尽洗固不得。诗人殊嗜好，随俗宁所适。惜哉调羹手，常作攒眉客。征君具鸿才，《醯略》遗盈册。酢醋久承讹，醯醶鲜能识。酏酿各异名，酸酸悉同实。辨咸淡浊清，溯制造曲直。配月令孟春，属五行木德。多汁分醯洤，处内佐肴核。芬怜腥可除，旨爱辛同食。方法炽炭投，生机白醭发。盱阆目琐赋，逊遾脚疼释。《酷史》用灌鼻，疡医资养骨。能令齿益牢，不免口流液。陈留枣垂红，少阳水凝碧。桥成记洛阳，坻积载货殖。酱城醋沟邻，酿瓮醯鸡宅。磨石走相思，泼炉销怨魄。草木味递详，虫鸟名兼经。义并措大推，字或寒畯借。一杯饮强干，三升量愁窄。蛮语采殊方，奇篆搜绝域。数典趋指如，夸酽酏颜亦。慎弗笑酸丁，尽堪助欢伯。詹詹岂小言，盎盎见本色。我亦含酸辛，愿就乞余沥。

嘉庆十有六年岁在辛未新正四日嘉兴后学

朱桂拜

手题

# 附录：《醯略》研究

《醯略》是清代杭州藏书家赵信编撰的一部四卷本有关醋的著作。笔者在十余年前在台湾中华饮食文化基金会网站阅到该基金会资助的博硕士论文奖助学金得奖名单中有1995年度中国科学技术大学李斌博士的《〈醯略〉研究》[1]，曾致电该基金会，索取该博士论文副本，答复是："经查，因李斌老师未于获得奖助学金的两年内，提供毕业论文给我们申请经费，故我们图书馆未收藏此论文，在此说明，请您知悉。谢谢您的支持！感谢！"后又曾托中国科技大学研究科技史的教授在北京、合肥的中国科技大学图书馆查阅，也无果。估计是放弃了这一选题。

这个信息促成我们了解《醯略》的兴趣。然而《醯略》在《中国烹饪古籍概述》[2]没有提及，《中国烹饪文献提要》中虽有收录，但内容甚略。《提要》引述《贩书偶记续编》："《醯略》四卷，清仁和赵信撰，嘉庆十六年刊。"[3]并写道："不知是书藏于何处，未见该书，细节不详。"[4]

抱着试试看的想法，查阅中国国家图书馆古籍馆藏，未有结果。后在浙江图书馆古籍部查到《醯略》抄本。后又在南京图书馆查到《醯略》刻本。笔者在学生的帮助下，花费多日抄录点校整理，终于使得这部尘封二百多年的古代调味品著作，出现在今人面前。

### 1 《醯略》的作者

《醯略》的作者是赵信（1701-？年），字辰垣，号意林，浙江仁和（今杭州）人。《清史稿》卷《文苑二》中记有其名："（厉）鹗尝与赵信、符曾等人各为《南宋杂事诗》一百首，自采诸书为之注。征引浩博，考史事者重之。""同时浙江举鸿博未录用者……仁和赵昱，字功平，贡生。弟信，字辰垣，国学生。兄弟同举。家有池馆之胜，喜购书。连江陈氏世善堂书散出，皆归之。"[5]

清人朱克敬（1792—1887年）笔记记有："赵信有《醯略》《秀砚斋吟稿》传于世。"[6]

赵信作为雍乾时期杭州著名文人，与其兄赵昱（1689—1747年，字谷林）合称"二林"。其主要建树是藏书，是当时的藏书大家。赵氏兄弟爬梳书库，继以三十年之力，声名远扬，四方书贾接踵而至，故所得之书不乏宋元旧椠。建有藏书处"小山堂""春草园"等。

藏书家爱读书，写书。赵信与兄赵昱、厉鹗、沈嘉辙等7人各赋诗百首，合编为《南宋杂事诗》7卷，名扬海内。诗风融冶超诣，情意绵绵。又善书法、绘画，风格清新脱俗，让人眉目一新，另有《秀砚斋吟稿》存世。

而最能代表赵信博览群书的著作当属其所

著《醯略》一书。

在其于乾隆丁卯年（1747年）写的不长的自序里，他强调"首春忽痛在原，入夏旋悲独旦。外鲜对床之欢，内无举案之乐"，而落款自称"鳏鳏子"，表面上是说在他年近半百之时，自己孤身一人，其实更可能表达的是这一年对失去兄长这个亲人兼事业上的朋友和知己的一种哀痛。"二林"去一，一"鳏"丧妻，二"鳏"失兄，孤独之情尽显。

清人吴庆坻（1848—1924年）笔记记有："乾隆二十二年，纯庙二次南巡，梁文庄告养在籍，与沈文悫被命同修《西湖志纂》。"[7]乾隆二十二年是1757年，至少在这一年赵信还安然在世。至于卒年，还需进一步考证。

## 2 《醯略》的版本

醯，宋邢昺《论语正义》："醯，醋也。"醯，就是指酸味调味品醋。《论语正义》，又称《论语注疏》，又称《论语注疏解经》，魏何晏注，宋邢昺疏。

略，在厉鹗为《醯略》写的序里，提到略："夫略者巡也，于书无不巡也；略者界也，以醯为之界也。"意思是说，略是"巡"，意为查看、查找，在所有能查找到的书中查找；略是"界"，查找的内容是醋。

《醯略》就是一本在古书中查找有关醋的

种种记录的书，按现在的说法，就是有关醋的全方位"文摘"。

## 2.1 《醯略》刻本

### 2.1.1 刻本概说

赵信写于1747年的自序中提到："年来摘录醯事，凡四卷"，也就是说在最近几年中写成的。其请厉鹗（1692—1752年）写的序虽未有写作时间，但按厉鹗的卒年来看，也应和赵信的自序在前后写成的。看来写成后并没有马上刊印。刻本是嘉庆十六年（1811年）所印，而且载明是其曾孙赵应端（？—1854年）校勘。我们所见南京图书馆藏本署"赐锦堂藏版"。赐锦堂是赵信的堂号，乃因1757年乾隆二次南巡来到杭州，赵信有机会拜见皇帝，并接受宫锦赏赐，以此为荣，定名"赐锦堂"[7]。

我们认定初版本刊刻于嘉庆十六年，是因为《贩书偶记续编》提到，还因为有朱为弼在嘉庆十六年写的序。朱为弼（1770—1840年），浙江平湖人，清代官员、学者。其序应是赵信曾孙赵应端相邀而写，因此虽其不是与赵信同时代人，但从赵信后人那里会了解到相关情况。他的序里也许能读出赵信生年为何未能刊印的原因："悠悠世味悦口，何曾碌碌劳生。攒眉谁识？叹老大依然措大秀才之贫境，常留幸道心终胜酸心。前辈之清怀可接。"委婉地道出赵信晚年境况的窘迫。

### 2.1.2  南京图书馆藏刻本

南京图书馆藏本原封面印有"道光甲辰年仲夏 赐锦堂藏版"字样，应是1844年夏天用嘉庆十六年（1811年）刻板再印本。首页右上印有"钱唐丁氏正修堂藏书"阳刻篆书朱印。其印主人是杭州藏书家钱塘人丁丙（1832—1899年），八千卷楼传人。藏书20万卷，其中宋本40余种，元本约百种，来自各名家的明初本、精抄本、精校本、名人稿本颇富。藏书楼名八千卷楼、嘉惠堂，又有济阳文府、甘泉书藏、延修堂、当归草堂等。

在书前有收藏者手迹："余前藏此刻本劫中失去，求之廿年，始从越中秦氏借得抄本，录副藏之。忆是刻本为陆叶珊太守题签。太守嗣君似珊官粤家久，故乡兵火未经其身。近归家，急询之，亦无存本。今日游青云街考棚，忽得此刻，如遇故人于千里之外。凡物遇合洵有其时。光绪乙酉（1885年）七月二十八日松生漫记"。松生是丁丙的字，此书的收藏过程跌宕起伏，得之不易，藏书家甚为珍爱。

## 2.2  《醮略》抄本

浙江图书馆藏有一册抄本《醮略》。《醮略》抄自赐锦堂刻本，字迹隽秀工整，格式完全按照刻本，连每页的行数字数也完全相同。笔者做过校对，几乎没有错漏。

卷一盖有"曾经民国二十五年浙江省文献

展览会陈列"朱文大印。抄本的原主人在送展后，捐献给了浙江图书馆。

在浙江图书馆《醯略》抄本的书页夹缝里，发现有一张纸条，是书手所书的账单，内容照录如下：

《醯略》一册，计字壹万贰仟伍佰柒拾柒个，合洋贰元伍角壹分伍厘肆毫。

外垫低费大洋柒分。

邮费大洋壹角叁分。

合洋贰元柒角壹分伍厘肆毫。

从以上内容可以透露出以下信息：此书可能是书主人在外地看到此书，托人抄写，抄写好以便邮寄回乡。"计字壹万贰仟伍佰柒拾柒个，合洋贰元伍角壹分伍厘肆毫。"合每字两毫，亦即每百字两分。古时线装书印刷成本很高，反倒是抄书更便宜。

另外，南京图书馆藏刻本卷二《治造》篇少最后一页，而抄本齐全。

### 3 《醯略》的内容

《醯略》共分四卷，兹将内容分述如下。

### 3.1 卷一：经典、史事

#### 3.1.1 经典

内容主要来自古代传统图书分类法中的"经"部，主要是指儒学十三经及其相关著作。

这部分摘取了《尚书》《春秋》《左传》《礼记》《周礼》《仪礼》《论语》《尔雅》和《大戴礼》《吕氏四礼翼》中关于醋的论述23条，其中《礼记》《周礼》《仪礼》分别引8条、3条和3条。

### 3.1.2　史事

内容主要来自古代传统图书分类法中的"史"部，主要是指正史和其他各类历史著作。这部分摘取了《史记》《魏志》《汉书》《后汉书》《北史》《南史》《齐书》《旧唐书》《唐六典》《十国春秋》《宋史》《金史》《元史》《资治通鉴》《文献统考》《苏州府志》等史书中与醋相关的史实32条，也有取自非史书《能改斋漫录》《茶经》中和醋相关的文字2条。

## 3.2　卷二：治造、名义

### 3.2.1　治造

内容主要来自古代传统图书分类法中的"子"部，主要是诸子百家及艺术、谱录和类书。这部分摘取了《事物绀珠》《食经》《本草衍义》《事物纪原》《四书考》《齐民要术》《多能鄙事》《食品须知》《渊鉴类函》《论衡》《宝复堂藏书》《小山居家》《物类相感志》《平江纪事》《留青采珍集》等书中描述的醋的种类和制作工艺方法，共49条。

### 3.2.2　名义

内容主要来自古代传统图书分类法中的"子"部，摘取了《原始秘书》《释名》《学斋咕哗九经》《闲居录》《本草》《事林》《说文》《方言》《庶物异名疏》《北虏重译》《博雅》《韵会》《广韵》《集韵》《字汇》《五音集韵》《管子》《五侯鲭》《说义》《东医宝鉴》《同音字汇》《玉篇》《元氏掖庭记》《晋公遗语》《汉武内传》《清异录》《京羽二重》《清夜录》《叩头录》《记事珠》等书中对醋的名称说法30条。尤为有趣的是，朱为弼借嘉庆六年至二十三年（1801—1818）第四次纂修《清会典》的机会，订正了缅甸、西番、暹罗、八百、百译、高昌、回族、缠头等外藩有关醋的字形和读音。《扈从东巡日录》里还有有关满洲醋的记载。

### 3.3　卷三：诗文（附醯赋并醯酒倡和诗）

#### 3.3.1　诗文

这部分摘取了《晏子春秋》《战国策》《庄子》《荀子》《列子》《方言》《吕氏春秋》《魏文帝诏群臣》《淮南子》《路史》《与李睦州书》《上李谏议书》《唐与县客馆记》《二程遗书》《急就篇》《封禅记》《祭记》《食檄》《七举》《李大博志》《七依》《风俗通》《说储》《山家清供》等经典散文中有关醋的名句29条，范成大、李白、杜甫、岑参、白居易、韩愈、方回、崔护、罗隐、苏辙、黄庭坚、杨万里、谢叠山、冯居庸、释清珙、曾茶山、袁宏道、陈与义、袁桷、虞淳熙、李东阳、王德章、沈与求、周德清、朱彝尊、庾信、周邦彦、张耒、黄仲文、王延寿、陈嶷、谢惠连、司空图、严忍公等经典诗词赋中有关醋的名句38条，佛教典籍《楞严经》2条，谚语1条。

### 3.3.2　醯赋并醯酒倡和诗

这部分是作者及其文友自创的以醋为内容的诗赋。赵信作《醯赋》，辞藻华丽，用典艰深，极尽排比之能事。其兄赵昱作《以红酢饷丁君敬身，易其家醪而归，作诗三首寄之》，赵信也在后附两首。丁敬身则以原韵唱和"双林"诗五首《谷林意林以新诗红酢见贻，敬报以腊醅，因次第奉赓来韵》。厉鹗则凑趣以赵昱诗韵作《谷林以红酢贻敬身，敬身以腊醅为报，各有长句三首，仆以次韵奉呈一笑》诗三首。最后以"双林"兄弟《敬身和余以酒易酢诗韵再投三章》诗五首收场。这种诗词唱和在雍乾杭州文人间非常常见，以至于几位文人还出了一本唱和诗集《南宋杂事诗》。

### 3.4　卷四：杂记

这部分摘取了历代笔记小说、方志、本草书里与醋相关的记录，有《唐国史补》《北梦琐言》《吴地志》《晋书》《博物志》《清异录》《酉阳杂俎》《清赏录》《龙城录》《琐碎录》《玉泉子》《文昌杂录》《枣林杂俎》《老学庵笔记》《梦溪笔谈》《佣吹录》《癸辛杂识》《乾道临安志》《咸淳临安志》《西湖游览志》《鸡肋编》《城东杂录》《东坡集》《博异记》《云烟过眼录》《尤氏红箱集》《闽部疏》《海槎余录》《琅环记》《资暇录》《胡氏笔谈》《五杂俎》《余氏辨林》《辍耕录》《见闻录》《真腊风土记》《苏州府志》《十三州志》《渊鉴类函》《字触》《万历野获编》《本草》《五灯会元》《研北杂志》《癸辛杂识》《芦浦笔记》《东莱诗话》《广东新语》《法书要录》《庶斋老学丛谈》《臣鉴录》《梦林元解》《月令》《商文毅年谱》《肘后方》《千金要方》《金匮要略方》《食禁方》《日华子本草》《食疗本草》《箧中方》所载醋事71条。

## 4 结语

《醯略》是中国目前所知仅有的一部以调味品为主要内容的古籍，尽管主要是以摘录典籍中与醋有关的文字辑录而成，但收录之丰，今人所研究只及其十一[8, 9, 10, 11]。这样一部调味品著作，由于内容专一，流传下来的文本甚少，不但学界未予关注，调味品界更几乎不知其名。笔者从得知该书，到抄录该书，前后有十年之久。在标点、注释的过程中，对《醯略》做了较多的研究。现已将《醯略》点校书稿交付中国轻工业出版社，不日将面世。调味品界可通过此书了解调味品古籍的精髓，为中国调味品的悠久灿烂的历史而自豪。

# 参考文献

[1] 博硕士论文奖助学金得奖名单[EB/OL]. http://www.fcdc.org.tw/grant/rewardlist2.aspx. 2018-08-21.

[2] 邱庞同. 中国烹饪古籍概述[M]. 北京：中国商业出版社，1989.

[3] 孙殿起. 贩书偶记续编[M]. 上海：上海古籍出版社，1999：164.

[4] 陶振纲. 中国烹饪文献提要[M]. 北京：中国商业出版社，1986：116.

[5] 赵尔巽. 清史稿（第四册）[M]. 北京：中华书局，1977：13374.

[6] 〔清〕朱克敬. 暝庵二识[M]. 长沙：岳麓书社，1983：136.

[7] 〔清〕吴庆坻. 蕉廊脞录[M]. 北京：中华书局，1990：199.

[8] 胡嘉鹏. 关于食醋生产技术的文献史料（上）[J]. 中国调味品. 2005，（9）：10-13.

[9] 胡嘉鹏. 关于食醋生产技术的文献史料（下）[J]. 中国调味品. 2005，（10）：9-14.

[10] 萧凤岐. 食醋的历史与文化[J]. 中国酿造. 2000，（4）：31-32.

[11] 萧凤岐. 食醋的历史与文化（续）[J]. 中国酿造. 2000，（5）：34-37.

## 图书在版编目（CIP）数据

醯略 /（清）赵信撰；何宏校注 . —北京：中国轻工
业出版社，2024.1

（中国饮食古籍丛书）

ISBN 978-7-5184-3849-5

Ⅰ . ①醯… Ⅱ . ①赵… ②何… Ⅲ . ①食用醋—研究—
中国—清代 Ⅳ . ①TS971.29

中国版本图书馆CIP数据核字（2022）第001796号

责任编辑：方 晓

策划编辑：史祖福 方 晓 责任终审：劳国强 封面设计：董 雪

版式设计：锋尚设计 责任校对：朱燕春 责任监印：张 可

出版发行：中国轻工业出版社（北京鲁谷东街5号，邮编：100040）

印 刷：鸿博昊天科技有限公司

经 销：各地新华书店

版 次：2024年1月第1版第1次印刷

开 本：787×1092 1/16 印张：5.5

字 数：80千字

书 号：ISBN 978-7-5184-3849-5 定价：49.00元

邮购电话：010-85119873

发行电话：010-85119832 010-85119912

网 址：http://www.chlip.com.cn

Email：club@chlip.com.cn

如发现图书残缺请与我社邮购联系调换

171660K9X101ZBW